四川省
碳排放权交易
市场研究

SICHUANSHENG
TANPAIFANGQUAN JIAOYI
SHICHANG YANJIU

吕南◎著

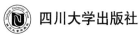四川大学出版社

项目策划：孙明丽
责任编辑：陈克坚
责任校对：孙明丽
封面设计：璞信文化
责任印制：王　炜

图书在版编目（CIP）数据

四川省碳排放权交易市场研究 / 吕南著．— 成都：
四川大学出版社，2020.12
　ISBN 978-7-5690-3883-5

　Ⅰ．①四…　Ⅱ．①吕…　Ⅲ．①二氧化碳－排污交易－
市场－研究－四川　Ⅳ．① X511

中国版本图书馆 CIP 数据核字（2020）第 184490 号

书名　四川省碳排放权交易市场研究

著　　者	吕　南	
出　　版	四川大学出版社	
地　　址	成都市一环路南一段 24 号（610065）	
发　　行	四川大学出版社	
书　　号	ISBN 978-7-5690-3883-5	
印前制作	四川胜翔数码印务设计有限公司	
印　　刷	郫县犀浦印刷厂	
成品尺寸	148mm×210mm	
印　　张	7.875	
字　　数	209 千字	
版　　次	2021 年 1 月第 1 版	
印　　次	2021 年 1 月第 1 次印刷	
定　　价	40.00 元	

四川大学出版社
微信公众号

前　言

随着全球气候不断变暖以及环境持续恶化，为了人类的生存和各国经济的可持续发展，降低碳排放量已经成为大家关注的焦点。《京都议定书》中确立的三种温室气体减排机制中，碳排放权交易已经成为一种促进温室气体减排的高效灵活的途径。2017年12月，《全国碳排放权交易市场建设方案（发电行业）》发布，标志着全国碳排放交易体系正式启动，这是我国利用市场机制控制温室气体排放的重大举措，有利于推动降低社会减排成本和经济发展方式的转型。

自启动了碳排放权交易试点以来，我国碳市场取得以较低成本控制碳排放的良好效果，已经形成了要素完善、特点突出、初具规模的地方碳市场。本书通过对比研究我国北京、上海、重庆等七大交易机构，与国外碳排放交易市场进行对比并分析其异同，并且结合四川省经济发展的具体情况，探讨四川省建立碳排放权交易市场的重要性、必要性和可行性，具体从碳排放机制的总量控制与配额管理、市场交易运行机制、核查与履约、信息系统建设问题等方面进行研究，提出四川省发布排放权报告书的建议；并从会计角度研究碳排放权计量属性、科目设置和各类交易行为下的账务处理及相关税收问题，对构建碳排放权会计核算体系进行探索，提出改进意见。

全书共 11 章。第 1 章界定了碳排放权的概念，介绍了碳排放权交易的相关理论基础；第 2 章从法律法规、市场覆盖范围、市场配额分配方法、履约程序及履约情况、碳排放交易信息披露以及相应的法律责任等6个方面比较了国内碳排放权交易市场，并介绍了国际碳排放权交易市场的概况；第3章分析了四川省建立碳排放权交易市场的相关问题；第4章针对碳排放权交易配额管理建设、市场交易运行机制、碳排放权交易市场的检查与监管等方面提出了四川省碳排放权交易市场建设的建议；第5章分析了四川省重点企业温室气体排放报告制度建设的问题；第6章通过阐述第三方核查体系建设的重要性，分析了四川省碳排放第三方核查体系建设现状并提出了发展建议；第7章从会计角度出发，介绍了现有的碳排放权会计核算体系；第8章分别从财务报表内披露、财务报告附注披露及碳排放权报告书等三个方面介绍了碳排放权会计信息的列报与内容；第9章以深圳能源公司为例，分析了深圳能源碳交易的会计核算体系，以及现有的碳排放核算体系对公司财务的影响；第10章重点从涉税主体、环节、税种、税务处理、税收优惠等方面分析了碳排放交易过程中的税收问题，并提出了相关建议；第11章对全书进行了总结。

本书得到了四川省科技厅软科学项目的资助。在此感谢西南石油大学、四川省科技厅、四川大学出版社对笔者研究工作的大力支持。另外，西南石油大学财经学院的李汶静、财务处的胡珊参与了碳排放权交易过程中税收问题的资料收集与整理及实地调研工作，成都市武侯区发改局的李琳、中国工商银行四川分行的雷珏茜参与了四川省碳排放权交易市场建设存在的问题分析及实地调研工作，西南石油大学经济管理学院研究生曹宇参与了四川省重点企业温室气体排放报告制度建设的相关问题分析及实地调研工作，西南石油大学经济管理学院研究生陈俊君参与了四川省碳排放第三方核查体系建设的相关问题分析及实地调研工作，西南石油大学本科生吕晓雨和北京第二外国语学院本科生杨钰琦参与了资料的搜集、部分翻译工作以及第1章碳排放权的相关概念及理论与第2章国内外碳排放权交易市场比较的文字整理，在此向他们表示感谢。

　　本书在编写过程中参考了大量相关专家、学者的论著、教材和文章，吸收了一些最新的研究成果，在此表示衷心的感谢！

　　由于笔者水平有限，书中难免存在不足与不当之处，恳请广大读者批评指正、不吝赐教。

目　录

0 引 言

随着社会经济状况的全面改善，经济得到了飞速发展，但也给生态环境带来了很大的破坏。能源消耗使得大气温室气体浓度急剧上升，环境遭到了严重破坏，自然灾害频繁发生，人类生活也因此受到了巨大影响，全球气候变暖现象日益受到人类社会的广泛关注，减少温室气体排放已成为地球人的共同呼声，这加快了低碳经济的发展步伐，并促使各国都加快了对生态环境污染问题的研究。企业在生产经营活动中也要秉承低能耗、低排放、低污染的理念，实现可持续发展。我国是经济发展大国，同时也是碳排放大国，低碳经济是实现我国未来可持续发展的必然选择。2011 年我国政府在德班世界气候大会上提出，从 2020 年开始我国可以有条件地承诺强制减排目标，我国的节能减排形势更加严峻。

碳排放权交易市场作为推动低碳经济发展的有力政策工具，在节能减排方面有着积极的效应。2011 年，我国在北京、天津、上海、深圳、广州、湖北、重庆 7 个省市启动了碳排放权交易试点，以探索我国建立碳排放权交易市场的路径。目前，7 个试点省市先后启动交易，市场运行顺利、平稳，积累了丰富的市场建设和运行经验，形成了较为完善的碳排放权交易市场。2017 年 12 月 19 日，备受关注的全国碳排放权交易体系正式启动。国家发展和改革委员会召开电视电话会议，就贯彻落实《全国碳排放权交易市场建设方案（发电行业）》进行部署，全国统一碳排放权交易市场（各碳排放权交易市均可皆称为碳市场）建设就此拉开帷幕。

四川省发展和改革委员会（简称发改委）为规范碳排放相关管理活动，保障碳排放权交易工作顺利进行，印发了《四川省碳排放权交易管理暂行办法》（川发改环资〔2016〕385号），因此，本书的写作意义主要表现在以下几个方面：

一是为提升我省生态文明建设水平提供理论支持。

在过去的半个世纪里，经济迅速发展，能源消耗巨大，对环境造成了巨大的破坏，带来了很多的环境问题，应对全球气候变暖和实现可持续发展成为当务之急。如何大力发展低碳经济成了目前全球研究的热门课题，因而，需要构建一个碳排放权交易市场，利用市场机制促进企业实现节能减排，加快推进生态文明建设，从而充分发挥市场在温室气体排放资源配置中的决定性作用。

二是为做好相关财税工作及扎实推进碳排放权交易工作顺利实施提供决策支持。

在碳排放权交易中，碳排放权就成为交易企业的一项资产，相关参与方对碳排放事项进行相关会计处理，并对外披露相关碳排放会计信息，构建一个完善的碳排放会计体系，利用会计手段来引导企业进行环境保护，并做好相关税收征管工作，促使企业在生产过程中秉承低碳发展的理念，进而实现全球的节能减排。对企业碳排放量进行合理的会计处理并对碳会计信息进行适当的披露，使社会各界和利益相关者对企业污染量有一个直观量化的认识，这样不仅可以清晰、系统地反映相关的碳投入和碳支出，而且还能帮助利益相关者更好地了解企业的低碳经济，赋予企业低碳商誉，还能帮助相关部门制定相关的法律法规，从而对企业的环境污染加以监督约束。

三是为创建清洁能源示范省和建立西部碳排放权交易中心提供参考和依据。

本书将结合全国碳排放权交易市场建设进展，研究我省碳排放权交易市场的政策体系、支撑机构和市场机制建设，摸索市场运行规律，为推动市场稳步发展，初步建成具备良好开放性和兼容性的西部碳排放权交易中心，成为全国统一碳排放权交易市场，形成通过碳排放权交易促进温室气体减排和产业结构调整的市场机制和保障碳排放权交易的顺利开展提供参考和依据。

四是建立碳排放权会计核算体系以满足利益相关者的需求。

碳排放权会计对企业碳排放量进行合理的会计处理并对碳会计信息进行适当的披露，使社会各界和利益相关者对企业污染量有一个直观量化的认识。对涉及碳排放的企业，其利益相关者不仅包括主要的利益相关者，如股东、债权人及公司员工，还应该包括潜在的利益相关者，如社会公众、政府部门、供应商及消费者等。

对于股东而言，他们是为了获得企业经营的剩余收益，若企业超额排放污染了环境，可能会受到相关政府部门的处罚，从而增加企业的经营风险，影响股东的投资回报。对于债权人而言，他们是为了获得稳定的利息收入，若企业因严重污染环境而被迫停业整顿，这将增加企业的偿债风险，影响债权人收益。对社会公众来说，他们虽然不能直接获得企业的经营收益，但排放企业的排放物将直接影响生态环境，这与社会公众息息相关。而政府部门需要从宏观层面推进节能减排，获取企业的碳排放信息，了解企业节能减排的详细情况并加以监控约束。综上所述，碳排放权会计核算体系不仅可以清晰、系统地反映相关的碳投入和碳支出，而且还能帮助利益相关者更好地了解企业的低碳经济及碳排放具体情况。

1 碳排放权的相关概念及理论

1.1 碳排放权的概念

  《京都议定书》建立了碳排放权交易的 3 种灵活合作机制，即国际排放贸易机制（简称 ET）、联合履行机制（简称 JI）和清洁发展机制（简称 CDM），强调采用灵活的市场配置来完成减排任务。值得说明的是，温室气体不仅仅包括二氧化碳（CO_2），还包含甲烷（CH_4）、氧化亚氮（N_2O）、氢氟碳化物（HFCs）、全氟化碳（PFCs）、六氟化硫（SF_6）和三氟化氮（NF_3），这 6 种气体以全球变暖潜能值（GWP）为基础，折算成二氧化碳当量，因此碳排放量实际上是 7 种气体的总和。在《碳排放权交易管理暂行办法》附则中，碳排放权是指依法取得的向大气排放温室气体的权利。在我国，碳排放权交易市场有两类基础产品，即排放配额和 CCER。排放配额是指政府部门初始分配给排放企业本年度的碳排放额度，1 单位配额相当于 1 吨二氧化碳当量；CCER（Chinese Certified Emission Reduction，国家核证自愿减排量，简称 CCER）是指根据国家发展和改革委员会（以下简称国家发改委）发布的《温室气体自愿减排交易管理暂行办法》的规定，在注册登记系统中登记并备案的温室气体自愿减排量。

1.1.1　经济学视角下的碳排放权

碳排放权是企业无偿向大气环境排放含碳温室气体的权利，然而大气容量是有限的，在政府部门的监管下，年度初始无偿分配给排放企业一定的政府配额，超过无偿排放配额后，排放企业的碳排放行为就是有偿的。可知，碳排放权具有稀缺性、强制性及排他性的特点。企业如果拥有多余的碳排放权，就可用来进行碳排放权交易，由此碳排放权具有可交易性和可分割性，符合经济学对产权的定义。企业在生产中不可避免地需要排放温室气体，就碳排放权的实质而言，碳排放权就是企业可以生产含碳产品的权利，且其具备明晰的权利和经济利益，因此碳排放权具有产权属性。

1.1.2　法学视角下的碳排放权

大气容量属于公共产品，排放企业并不拥有碳排放权的所有权。首先，排放企业对碳排放权享有直接支配和排他的权利，政府部门通过人为设定碳排放配额，选择重点减排企业并监控其排放量。排放企业对无偿划拨的碳排放量可以直接支配，可以对碳排放权进行占用、使用和买卖。其次，排放企业拥有碳排放权是为了获得无偿向大气排放温室气体的使用权，因此碳排放权是一项用益物权。通常碳排放权交易合同会确定碳排放权的使用期限，因而碳排放权也符合用益物权中具有一定存续期限这一规定。

1.1.3　会计学视角下的碳排放权

企业可通过无偿分配和有偿购买两种途径获得碳排放权，在日常的生产排放中将消耗碳排放权。通过对碳排放权的本质进行分析可知：第一，企业获得碳排放权由过去的无偿分配或有偿购买交易事项形成；第二，在碳排放权交易市场上，碳排放权公允价值使得碳排放权的成本价值能够可靠计量；第三，企业拥有的碳排放权既可以满足正常的生产经营，又可以对外出售，因此碳排放权完全由企业拥有或控制；第四，企业既可获得出售碳排放权生产的产品带来的间接经济利益，又可获得出售碳排放权带来的直接的经济利益。综上所述，碳排放权满足会计准则对资产的定义，属于企业拥有的一项资产。

根据会计等式可知：资产＝负债＋所有者权益。资产负债表左边列示的是资产的各种表现形式，右边列示的是资产的各种来源。通过政府相关部门无偿分配碳排放权，企业看似虽未付出经济利益，但政府部门对其排放行为进行监控，本就是额外给企业增加负担，而且企业需承担次年度提交本年度实际排放量碳排放权的义务。企业无偿获得的政府配额可以对外出售，以获取经济利益，因此无偿获得的政府配额属于企业的一项权利性资产。

碳排放权具备无形资产的大部分属性，但是这种权利属性是以碳排放量为依据的，碳排放量是需要通过技术手段进行测量的，因此碳排放权是建立在实物测量的基础上，与经营权、专利权等无形资产就有所不同。并且无形资产属于长期资产，而碳排放权配额主要用于本年度履约，用来满足排放企业生产经营过程中的排放需要，故碳排放权属于短期资产，从本质上区别于无形资产。

1.2 碳排放权的属性分析

1.2.1 碳排放权的商品属性

在碳排放权交易市场中，碳排放权的稀缺性凸显其经济价值，因而碳排放权可作为普通商品来进行交易。在我国的七大碳排权放交易市场中，碳排放权交易的载体主要有政府配额和CCER两大类。参与碳排放权交易的企业对碳排放权存在价格预期，价格预期会影响企业的交易行为。碳排放权的供求关系也会影响碳排放权的价格，交易企业可自由交易，这与现实的商品交易市场实质是一样的。

但是碳排放权与普通商品还是有所区别，各个试点公布纳入排放监控的企业名单并对其发放政府配额，所以碳排放权只能在其对应的碳排放权交易市场上进行交易，这就不利于碳排放权的自由流通，所以碳排放权并不能实现完全自由交易，只具备一部分商品属性。

1.2.2 碳排放权的金融工具属性

随着碳排放权交易市场的不断完善，交易市场已不仅仅局限于普通的碳排放权配额交易，许多碳排放权的金融衍生品已经应运而生，比如碳排放权远期交易、期权和期货等。碳排放权显然是一种特殊的金融工具，具有特殊的稀缺性、排他性及金融属性。在碳排放权交易市场上，对碳排放权相关产品的公允价值有详细具体的定价机制，故从这个角度来说，碳排放权交易就是一种普通的金融交易活动。碳排放权的商品属性是其金融属性的基础，而金融属性是其商品属性的扩展。

1.3 碳排放权交易相关理论基础

1.3.1 外部性理论

外部性从本质上分为正外部性和负外部性，但涉及社会公共物品的经济行为很容易产生负外部性，庇古通过研究这类经济行为，提出对需要消耗外部成本来实现增长的企业征收"庇古税"，对"外部性理论"进行了扩展。排放企业交易制度就是"庇古税"的实践运用，即"谁污染，谁治理""谁受益，谁保护"。资源环境属于社会公共资源，经济主体可以无偿使用，这使得生态资源环境遭到严重破坏，因此出现了负外部性经济。

碳排放权也属于公共物品，大气对二氧化碳等温室气体的承载能力是有限的，因此也存在外部性问题，可利用市场机制从根本上解决外部不经济性，把碳排放权变成非公共产品，将该外部效应内部化。

1.3.2 科斯定理

科斯定理比较流行的说法是：只要产权是明确的，且交易成本为零或者很小，那么市场均衡就是很有效率的，可实现资源配置的帕累托最优。但在现实中，产权是很难明确的，交易成本也很难为零，那么不同的权利配置就会带来不同效益的资源配置。科斯定理提供了利用市场交易机制解决外部性的一种新思路，这也就促进了排放权交易的诞生。

环境资源这类公共物品的物理属性使其产权界定不清晰，某些经济行为过度消耗环境资源，但却没有因此承担相应的经济责任和社会责任。由此根据科斯定理，政府需要界定环境资源的产权，才能解决外部不经济性，提高企业经济行为的效率，实现资源的最优配置。碳排放权属于环境资源，只有先明确界定碳排放权的产权，并通过市场交易灵活地进行资源配置，才能最终实现市场资源的最优配置，达到帕累托最优状态。

1.3.3　资源稀缺性理论

任何资源都是有限的，但需求是无止境的，对资源实现有效配置和合理利用，是现代经济学研究的最基本命题。解决稀缺资源有效配置一直是经济学经久不衰的课题，限定碳排放权总量，将这种稀缺资源分配给排放企业，使得碳排放权具备交易的条件。碳排放权交易市场对碳排放权的稀缺性进行定价，利用碳排放权市场交易使其得到有效资源配置，促使企业节能减排。

1.3.4　可持续发展理论

可持续发展理论提出，大气可容纳的温室气体是有限的，把二氧化碳的经济价值纳入经济核算中，实现可持续的经济发展。在生态环境一定的承载能力范围内，要通过提高效率来实现经济发展、节约资源，实现边际效益最大化。在二氧化碳有限的总容量下，把这一特殊的环境资源商品化、货币化，通过经济价值体现出碳排放权的稀缺性。限制人类肆意破坏环境，使其承担一定的环境社会责任，并把企业的排放量也纳入企业成本费用中，使得企业在生产经营过程中也关注到环境问题，这是碳排放权交易的理论基础。

2 国内外碳排放权
交易市场比较

本书研究的重点是碳排放权交易市场及其财税问题，而对碳排放权交易市场的比较分析是本书的基础。对碳排放权交易市场的比较分析，可以让我们对碳排放权如何在碳排放权市场进行交易有一个明晰的认识，同时也能让我们清楚地了解到相关法律法规对碳排放权交易的规定。碳排放权交易的市场覆盖范围即为纳入监控的重点排放企业，为本书中碳排放权会计核算的会计主体。碳排放权政府配额分配涉及碳排放权的初始确认，分配方式不同所涉及的初始确认也有所不同。碳排放权信息披露的相关规定也是本书碳排放权会计信息披露内容及披露方式的基础。

本书重点比较分析国内的碳排放权交易市场，对国外碳排放权交易市场只是简单的介绍，对国内七大交易市场就市场覆盖范围、配额分配、履约程序、交易信息披露及法律责任等几个方面进行对比分析。通过以上分析，就能清晰地了解我国碳排放权交易流程，方便理解后文的实例分析。

2.1 国内碳排放权交易市场比较

目前我国已有 30 多家碳排放权交易市场，但主要有 7 家碳排放权交易机构，下文也主要是对这 7 家碳排放权交易机构进行比较分析。在每年初，各省市相关部门会公布纳入排放监控的企业，并采用无偿与有偿两种方式发放碳排放配额，年终时企业会编制本年度排放报告，并经独立的第三方机构审定，最后在规定的时间内进行配额清缴，即上交其实际碳排放配额，由此便产生了碳排放权配额交易。如果企业实际碳排放量大于年初发放的配额，就需要从碳排放权交易市场进行购买；如果企业实际碳排放量小于年初发放的配额，则可将多余的配额进行出售或留存到下年度使用；对于未纳入排放监控的企业也可自愿减排，核证其减排量并进行交易。碳排放权交易流程如图 2-1 所示。

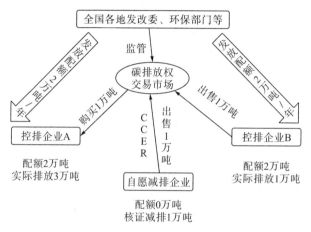

图 2-1 碳排放权交易流程

2.1.1 相关法律法规

国家发改委于 2016 年研究起草了《全国碳排放权交易管理条例（草案）》（以下简称《草案》），《草案》明确提出了碳排放权交易的适用范围及相关管理部门的职责。《草案》明确了对碳排放权交易实现配额管理，详细阐述了配额总量的确定、配额权属及配额分配原则、方法、程序。草案还强调各碳排放权交易机构每天应及时披露交易价格、交易量、交易金额和大宗交易等重要信息，建立市场调节机制。该草案最突出的地方则是明确法律责任，对于未按时履行配额清缴、出具虚假不实核查报告等违规行为，国家制定了惩罚措施。

2016年发布的《碳排放权交易管理暂行办法》（以下简称《暂行办法》）明确了国家发改委是碳排放权交易的国务院碳交易主管部门。《暂行办法》主要确定了碳排放权配额分配的方法，即国务院碳交易主管部门综合考虑众多因素，给各省、自治区和直辖市分配排放配额总量。各省、自治区、直辖市在一定的排放配额总量下，制定并执行各自的分配方法，将排放配额分配到每个排放企业。各级主管部门分配排放配额时以免费分配为主，也可预留一部分碳排放配额进行有偿分配、市场调节等。《暂行办法》中也规范了碳排放权交易核查与配额清缴的流程、碳排放权交易的监督管理及未履行相应义务的法律责任。

七大碳排放权交易机构根据《暂行办法》，结合本地区差异，相继出台了各自的碳排放权交易暂行办法或试行办法。本书根据七大交易机构发布的相关规章，主要就市场覆盖范围、市场配额分配、履约程序、信息披露、法律责任等几个方面进行对比分析。

2.1.2 市场覆盖范围

在七大碳排放权交易机构中，参与碳排放权交易的企业不仅包括政府部门重点监控的排放企业，还包括一些自愿减排企业及金融中间商等，而本书比较的市场覆盖范围主要是指重点监排企业。

北京市碳排放权启动时间是2013年11月28日，《北京市碳排放权交易管理办法（试行）》规定其碳排放权交易市场主要覆盖二氧化碳年排放量为1万吨以上（直接和间接排放合计）的排放单位，既包括企业，也包括事业单位、国家机关等。该办法还规定年能源消耗总量为2000吨标准煤以上的企业及事业单位机关等即为报告单位，需每年度公布其排放信息，共计 490 家企业。

天津排放权交易所启动时间是 2013 年 12 月 26 日，《天津市碳排放权交易管理暂行办法》规定碳排放量达到 2 万吨以上的排放单位应当纳入配额管理，主要涉及石化、油气开采、钢铁、化工、电力热力等五大行业，共计 114 家。

上海环境能源交易所启动时间是 2013 年 11 月 26 日，其将工业企业和非工业企业纳入配额管理，总计 191 家企业。《上海市碳排放管理试行办法》规定年二氧化碳排放 2 万吨以上的工业企业即为该市场覆盖的排放企业，涵盖钢铁、化工、电力等行业。对于非工业企业，则主要涉及年二氧化碳排放 1 万吨以上的航空、港口、宾馆等行业。

深圳排放权交易所启动时间是 2013 年 6 月 18 日，《深圳市碳排放权交易管理暂行办法》规定参与碳排放权交易的管控单位有以下几类：一类是任意一年碳排放量达 3000 吨以上的企业；一类是公共建筑面积为 10000 平方米以上的国家机关；另外就是自愿加入碳排放控制管理的单位及其他市政府碳排放单位，其中工业企业 635 家，建筑企业 197 家。

广州碳排放权交易所启动时间是 2013 年 12 月 19 日，《广东省碳排放管理试行办法》规定参与碳排放权交易的控排企业是指年排放二氧化碳 10000 吨及以上的工业企业及年排放 5000 吨以上的宾馆、饭店、公共机构等。交易主体主要涵盖石化、钢铁、水泥、电力四大行业，还涉及纺织、塑料、造纸等行业，总计 242 家企业。

湖北碳排放权交易中心于 2014 年 4 月 2 日启动，《湖北省碳排放权管理和交易暂行办法》规定能源消耗量 6 万吨以上标煤的企业属于控排企业。

重庆碳排放权交易中心于 2014 年 6 月 19 日启动，《重庆市碳排放权交易管理暂行办法》将 2008—2012 年任一年度排放量达 2 万吨以上二氧化碳当量的工业企业纳入配额管理，即为重庆碳排放权交易中心的市场覆盖范围。

2.1.3 市场配额分配方法

根据被监管行业类型的不同，政府免费发放的配额主要有历史法和基准法两种方法，下面所述的各大交易机构的分配方法均来自各试点的交易试行办法或暂行办法。

北京环境交易所实行无偿分配和有偿分配相结合的配额分配方法，有偿分配的比例不得超过年度配额总量的 5%，用于对碳排放权市场交易进行配额调整和市场调节。

天津排放权交易所配额分配以免费发放为主，拍卖或固定价格出售等有偿发放为辅。其于每年 8 月免费分配年度配额的 80%，在本年度核查结束后，分配剩余的 20% 配额。

上海环境能源交易所采用免费或有偿发放碳排放配额的方式，试点第一年免费发放，后续采用免费和有偿发放相结合的方式。

深圳排放权交易中心采取无偿分配和有偿分配相结合的分配方式。有偿分配可采用拍卖或以固定价格出售的方式，其中通过拍卖出售的配额不得低于年配额的 3%。主管部门可回购配额，用于调节市场供给、稳定市场价格，但每年回购数量不得高于当年度有效配额的 10%。

广州市实行部分免费发放和部分有偿发放，并逐步降低免费配额比例，可预留为现有控排企业和单位配额总量的 5% 用于调节碳市场价格。

湖北碳排放权交易中心采用无偿方式进行初始分配，政府可预留部分配额用于调控和价格发现，但政府预留配额不得超过碳排放配额总量的 10%。

重庆碳排放权交易中心规定卖出的配额不得超过年度配额的 50%，单通过交易买入和储存的配额没有限制。

2.1.4 履约程序及履约情况

北京环境交易所重点排放单位应当在每年6月15日前上缴上年度实际碳排放量的配额，可使用不高于当年排放总额的5%的核证碳减排量（CCER）来抵消部分碳排放量，并且该部分CCER的50%以上应当产生于本市自愿减排项目。

天津排放权交易所规定纳入企业应在每年6月30日前注销上年度碳排放量等量的配额，未注销的配额可结转到下年度使用。可使用不超过当年实际碳排放量10%的CCER来抵消部分碳排放量。

上海环境能源交易所规定纳入配额管理的单位应在每年6月1日至30日期间足额提交上一年度碳排放量，结余配额可以结转至以后年度使用也可以进行配额交易。纳入配额管理的单位可以将不高于当年度排放配额5%的CCER用于配额清缴。

深圳排放权交易所规定管控单位应于每年6月30日前向主管部门提交与上一年度实际碳排放量相等的碳排放配额或CCER，但CCER抵消比例不超过配额的10%，才能完成履约。

广州碳排放权交易所要求控排企业每年6月20日前根据上年度实际碳排放量完成配额清缴，剩余配额可留存后续年度使用，也可用于配额交易。控排企业可以将CCER用于配额清缴，但不得超过上年度实际碳排放量的10%，并且该部分CCER的70%以上应当产生于本省自愿减排项目。

湖北碳排放权交易中心规定控排企业每年5月份最后一个工作日前向主管部门上缴与上一年度实际排放量相等数量的配额或CCER，但CCER抵消比例不得超过年度碳排放初始配额的10%，并且全部来自省内。

重庆碳排放权交易中心则规定CCER抵消比例不超过当年

实际排放量的 8%。

2.1.5 碳排放权交易信息披露

北京市发改委定期对外公布年度重点排放单位和报告单位名单，报告单位和排放单位需按照要求定期提交上年度碳排放报告。重点排放单位应当委托市发改委目录库中的第三方机构核查碳排放报告，并于 4 月 30 日前上交经核查过的碳排放报告。

天津市规定报告企业应在每年 4 月 30 日前上报上年度碳排放报告。纳入企业的碳排放报告需经第三方核查机构核查并出具核查报告，且不得连续三年选择同一家第三方核查机构。

上海市规定纳入配额管理的单位应在每年 3 月 31 日前编制并提交上一年度碳排放报告，并于 4 月 30 日前向发改委提交经第三方核查的碳排放报告。

深圳市规定管控单位应在每年 3 月 31 日前向主管部门提交上一年度碳排放报告，提交报告后，应委托碳核查机构进行核查，并在 4 月 30 日向主管部门提交。

湖北省规定纳入配额管理的企业应在每年 2 月份最后一个工作日前，向主管部门提交上一年度碳排放报告，并于每年 4 月份最后一个工作日前提交核查报告。

2.1.6 相应的法律责任

《北京市碳排放权交易管理暂行办法》规定，未按照规定履约的企业，处以未履约金额的 3~5 倍罚款。

《上海市碳排放管理试行办法》规定，虚报、瞒报或拒绝履行报告义务的，由市发展改革部门责令其限期改正。未履行配额清缴义务的，可处以 5 万元以上 10 万元以下罚款。

　　《深圳市碳排放权交易管理暂行办法》规定，管控单位未在规定时间提交足额配额履约的，主管部门可强制扣除，不足部分可从下年度配额中直接扣除，并处以超额排放量乘以履约前连续六个月碳排放权交易均价 3 倍的罚款。

　　《广东省碳排放管理试行办法》规定虚报、瞒报或者拒绝履行报告义务的，处以 1 万~3 万元的罚款。拒不履行清缴义务的，可直接从下年度配额中扣除未足额清缴的 2 倍配额，并处以 5 万元的罚款。

　　《湖北省碳排放权管理和交易暂行办法》规定未足额清缴配额的，按照当年度碳排放配额市场均价，对其差额部分处以 1~3 倍，但最高不超过 15 万元的罚款，并直接从下年度配额中双倍扣除。未履行报告义务的，可处以 1 万~3 万元的罚款。

　　表 2-1 就七大交易机构在市场覆盖范围、市场配额分配、履约程序、信息披露及法律责任等方面进行归纳总结。

表 2-1　七大交易机构对比分析

交易机构	市场覆盖范围	市场配额分配	履约程序	信息披露	法律责任
北京	重排单位：1 万吨。报告单位：2000 吨标煤上	无偿＋有偿分配不超过 5%	6 月 15 日前，CCER 抵消 5%，本市达 50%	4 月 15 日前碳排放报告，4 月 30 日前核查报告	3~5 倍罚款
天津	年排放 2 万吨上	免费＋拍卖或固定价格出售等	6 月 30 日前，CCER 抵消不超过 10%	4 月 30 日前碳排放报告	—
上海	工业：2 万吨上。非工业：1 万吨上	免费＋有偿发放	6 月 1 日至 30 日，CCER 抵消比例不超过配额 5%	3 月 31 日前碳排放报告，4 月 30 日前核查碳排放报告	未报告：罚款 1 万~3 万元。未配额清缴：罚款 5 万~10 万元

交易机构	市场覆盖范围	市场配额分配	履约程序	信息披露	法律责任
深圳	管控单位：3000 吨上。10000 平方米上的国家机关，其他	无偿＋有偿；拍卖不低于 3%，回购不高于 10%	6 月 30 日前，且 CCER 不超过 10%	3 月 31 日前碳排放报告，4 月 30 日前经核查的碳排放报告	未足额履约：超额排放额 3 倍罚款。
广州	控排：10000 吨上工业企业、5000 吨上的宾馆公共机构	免费＋有偿发放，5% 可用调节市场	6 月 20 日前，CCER 抵消不超过 10%，且70%以上来自本省	—	未报告：罚款 1 万～3 万元。未清缴配额：下年扣除 2 倍，并处 5 万元罚款。
湖北	6 万吨标煤上	无偿＋预留不超过 10%	5 月最后一个工作日前，CCER 抵消不超过 10%，全来自省内	2 月最后一个工作日前碳排放报告，4 月最后一个工作日前核查报告	未清缴配额，罚款差额 1～3 倍，最高不超过 15 万元，下年双倍扣除。未履行报告义务：处 1 万～3 万元罚款
重庆	2 万吨上	卖出不得超过 50%	—	—	—

2.2 国外碳排放权交易市场比较

2.2.1 相关法律法规

　　《京都议定书》是奠定碳排放权市场交易法律地位最早的法律文件，此文件首次建立了碳排放权交易的 3 种灵活合作机制——国际排放贸易机制（简称 ET）、联合履行机制（简称 JI）和清洁发展机制（简称 CDM），强调采用灵活的市场配置来完成减排任务。这三种合作机制奠定了碳排放权市场交易机制，利用市场配置灵活地促进节能减排。

2.2.2　国际碳排放权市场概况

碳排放权交易就是借助市场的力量将碳排放权转化成有偿使用的权利，也是政府为实现减排采取的一种环境政策工具。国际碳排放权市场启动的时间比较早，所以拥有丰富的市场经验。

2.2.2.1　欧盟排放交易计划（EU ETS）

为了履行在《京都议定书》中做出的减排承诺，欧洲联盟建立了一个众所周知的"排放交易"系统，以此来规范成员国的排放行为，促进节能减排。

由于 ETS 给予各成员国的温室气体排放总量是有限的，各成员国在限额内根据本国的基本国情和实际情况免费给各厂商发放碳排放许可证，因而在限额内排放是无成本的。这就使得碳排放权具有了一定的经济价值，成了一种稀缺资源。

欧盟排放体系采用的是分权化治理，欧盟委员会负责审批和集中协调，各成员国在分配的限额内拥有很大的自主权。采用分权化治理模式既实现了总体减排目标，又考虑了各成员国在产业结构、经济发展水平等方面的差异情况。

2.2.2.2　美国芝加哥气候交易所（CCX）

美国以发展中国家没有明确减排目标为由，至今没有批准通过《京都议定书》，但是美国并没有停止气候控制的脚步。美国芝加哥气候交易所（CCX）早在 2003 年就成立了，与欧盟排放交易计划（EU ETS）有所不同，美国并不强制所有的企业都加入碳交易系统中，每个企业可自愿选择是否加入碳排放交易，这是一个用市场机制来解决排放问题的典型案例。

2.2.2.3 澳大利亚排放权交易制度（GGAS）

2003年澳大利亚的新南威尔士州对电力行业进行了温室气体排放限制，建立了温室气体减缓计划（GGAS）。GGAS是碳信用交易，先根据全州总排放量确定人均排放量，并逐年递减。参与企业根据历史排放量以及当前产业现状，设置合理的减排目标，超过减排目标就要受到相应的处罚。不过此项计划只针对新南威尔士州的供电企业及发电厂。尽管澳大利亚的温室气体减缓计划（GGAS）早已运行，但是由政府提出的强制减排的措施在2009年才开始执行。

2.2.2.4 日本排放权交易制度（JEVTS）

日本环境厅在2005年就建立了日本自愿性排放交易体系（JEVTS），它的规制对象主要有两种：一类是政府规定的重排放企业，政府给这部分企业提供补助金，帮助其购置节能装备或使用代替能源来实现节能减排目标；另一类是自愿参与减排的企业，以基准年及过去3年的平均值为基础，自己确定减排目标，没有政府的补助金及政府设定的排放配额。

对国际各碳排放权交易体系在交易制度、交易性质、开始时间、惩罚机制、排放气体及覆盖范围等方面的总结分析如表2-2所示。

表2-2 国际碳排放权交易体系对比

特征与区别	欧盟	美国	澳大利亚	日本
碳排放权交易制度	欧盟排放权交易制度（EU ETS）	芝加哥气候交易所（CCX）	新南威尔士温室气体减排计划（GGAS）	日本排放权交易制度（JEVTS）

特征与区别	欧盟	美国	澳大利亚	日本
交易性质	强制性	自愿性	强制性	自愿性与强制性
开始时间	2005 年	2003 年	2003 年	2005 年
财税措施	部分国家实行碳税	一些节能优惠	无	补助金
惩罚机制	第一期：每吨 40 欧元。第二期：每吨 100 欧元	无	每吨 12 澳币	无
排放气体	第一期：二氧化碳。第二期：逐渐加入	6 种温室气体	6 种温室气体	6 种温室气体
覆盖企业	重排放行业，比如电力发电企业、钢铁和选矿工业等	航空、汽车、电力、环境、交通等数十个不同行业	电力行业	各类企业

3 四川省建立碳排放权
交易市场的相关问题

四川省集聚得天独厚的环境优势与资源优势，有着丰富的水电资源和天然气资源；与此同时，四川省也拥有着丰富的碳汇资源。正因如此，四川省在碳减排及新增碳汇的发展上都具有巨大的潜力亟待开发。对于四川省而言，发展碳排放权交易市场可使环境优势与资源优势实现转变，最后凝聚为经济优势，从而推动清洁能源和新能源的开发，对于带动整个西部地区实现低碳绿色发展，对于贯彻落实党中央、国务院针对气候变化的发展战略部署都有着极为重要的意义。

为贯彻落实党中央、国务院关于生态文明建设的决策部署，积极参与全国碳排放权交易市场建设，2018 年，四川省在根据《全国碳排放权交易市场建设方案（发电行业）》制定的碳排放权交易市场建设工作方案中明确指出，四川碳市场建设在未来三年的主要任务在于与全国碳市场顺利对接，完善碳市场管理制度和支撑体系，深入开展碳市场能力建设。

四川省要最终建成碳排放权交易市场，须在《全国碳排放权交易管理条例》等法规、规章的基础上，对碳排放机制的总量控制与配额管理、市场交易运行机制、监管与履约、基础系统建设等主要问题作进一步明确，加强政策措施的协调配合，充分调动部门、地方、企业和社会的积极性，并结合全国碳市场建设进程，形成与全国碳市场充分融合衔接的碳市场制度体系。

3.1　碳排放机制的总量控制与配额管理问题

碳排放权的形成、碳排放权的分配构成了碳排放权交易的两大前提。碳排放权的形成，是指依据相关的政策体系，对碳排放权的额度进行限制，从商品的角度出发，将碳排放权的额度视为稀缺且有价的，并在此基础上对其进行分配，从而对私人行为进行制约，杜绝"公地悲剧"现象的发生，从而保护大气环境。

碳排放机制的总量控制是需要依据的，这个依据就是大气环境的总体容量，以此作为碳排放机制的总量限制。在科学衡量大气环境容量的基础之上，得出一个量化的结果，也就是最后的经过计量得出的碳排放权，从而为碳排放权的分配做好准备。

碳排放权分配机制要解决的是碳排放权的归属、抵消机制的建立、对新进入者所采取的方式这三大问题，凭借无偿分配、拍卖和定价出售，使碳排放权的归属去向得到合理的确认。具体而言，涉及范围主要有以下四个方面：一是确定不同的分配方式，二是如何对待新进入的企业，三是如何处理削弱竞争能力的问题以及由此导致的碳泄漏问题，四是允许抵消和实施碳银行制度。

对全国 7 个试点省市的经验的比较分析，对于明确四川省碳排放权交易市场的总量控制与配额管理有很大的借鉴意义。

在碳排放机制的总量控制和配额管理方面，因为各自所面临的经济发展阶段、产业结构和区域规划各不相同，7 个试点省市的碳排放权交易市场采取了不同的措施。根据 7 个试点省市的经验，四川省在总量控制方面宜采用规划排放强度减排目标下的灵活总量模式，并设置全面的配额总量结构和适应的抵消机制，在配额管理方面应灵活使用历史排放法和基准线法，科学设置调节系数，实现配额分配方案透明化，并注重配额分配对经济周期的适应情况。

3.1.1　碳排放机制的总量控制问题

我国 7 个试点省市分布于华北地区、华东地区、华南地区、华中地区与西南地区，这种分布的广泛性使得试点碳市场无论对全国大部分地区的排放特点，还是对经济发展水平与产业结构的差异都具有广泛的代表性。从目前阶段来看，我国是一个新兴发展中国家，当前时期所特有的阶段性特征完全能从全国 5 大地区的 7 个试点省市试点碳市场的选择以及具体运行机制的初步制定与不断完善中体现出来。对于四川碳排放权交易市场而言，在进行设计与不断完善的进程中，一定要以国家规划中对减排的分解目标为约束，充分借鉴全国试点碳市场经验，并立足于自身情况的特点，从而制定出符合四川省实际的配额总量设定管理控制机制，并展现出对已经运行的全国碳排放权交易市场的借鉴意义。

深圳碳排放权交易市场对配额总量控制的设定完全以本地区的国民经济发展规划中支出的分解减排目标为基点。深圳碳排放权交易市场开始运行后，把"十二五"规划作为基础，设定了 2015 年的碳排放强度目标，单位 GDP 碳排放比 2010 年减少 21％。确定配额总量是从最终整体碳排放水平分解目标出发，对碳排放权交易市场所囊括的行业进行具体安排，就列入规划的众多行业而言，比如电力行业、水务行业以及制造业，其碳排放水平减排目标均得到了针对性的设定，在就经过测算后的预期产值进行考量的基础上，确定不同履约期的配额总量并进行滚动，而不是定下一个不变的整体的减排系数。除此之外，深圳碳排放权交易市场确定配额总量之后，并没有对下属的各个区县进行分解，而采用了通过深圳市发改委直接分配纳入排放源的做法。在深圳碳排放权交易市场，配额总量整体结构的架构非常灵活，除了既有的配额总量，还包含总量事后的调整部分以及拍卖配额、市场调节配额和新入者储备配额。以配额总量的2%规划了新入者储备配额，新入者主要指的是总投资额在2亿元以上的固定资产投资项目的新的申请单位，对于这些新入者，在投产的当年深圳市发改委会对其预分配配额，在核准该投产年度的实际排放水平之后会做出调节。需要注意的是，在对新进入者进行配额增发方面，不会受配额总量事后调整增发10%的约束。

上海碳排放权交易市场的配额总量设定，以从国民经济发展规划中分解出来的减排目标为出发点，在"十二五"期间，减排目标是在2010年碳排放强度参考基线的基础上，2015年的单位GDP碳排放减少19%。在确定配额总量的流程之中，上海碳排放权交易市场首先从经济体系的整体排放水平减排目标出发，对碳排放权交易市场囊括的17个行业的碳排放强度进行分析，确定针对完整的阶段所对应的配额总量，未在各个单位年份间确定不变的碳减排系数。上海碳排放权交易市场完成配额总量确定后，采用了通过上海市发改委直接分配纳入排放源的做法，并没有对下属的各个区县进行分解。就配额总量的整体结构而言，上海碳排放权交易市场设定了两大部分，既有配额总量，又有新入者储备配额。其中新入者储备配额针对的对象是在建设能耗超过2000吨标准煤的同时满足固定资产投资管理标准的新的申请单位。

北京碳排放权交易市场的配额总量设定也是以国民经济发展规划中分解的减排目标为基础的，在"十二五"规划范围内，将2010年碳排放强度设置为参考的基线，总的减排目标是2015年的单位GDP碳排放减少18%。在确定配额总量的流程之中，北京碳排放权交易市场首先从经济体系的整体排放水平减排目标出发，在对碳排放权交易市场涉及的能源行业、工业以及服务业的具体排放水平进行分析的基础上，确定针对完整的阶段期所对应的配额总量，同时平均设置了2013年至2015年的配额总量，配额总量的二氧化碳当量均值大概为0.5亿吨。北京碳排放权交易市场完成配额总量确定后，采用了通过北京市发改委直接分配纳入排放源的做法，并没有对下属的各个区县进行分解。就配额总量的整体结构而言，北京碳排放权交易市场设定了三大部分，除了既有的配额总量，还有新增设施配额以及调节配额，而调节配额是有限制的，以年度配额总量的 5％ 为限，调节配额具有调节市场以及纳入排放源的事后分配的作用。

广东碳排放权交易市场进行的总量设定，以从国民经济发展规划中分解出来的减排目标为限，在"十二五"期间，广东省的减排目标是在 2010 年碳排放强度参考基线的基础上，2015 年的单位 GDP 碳排放减少 19.5％。为了达到既定的减排目标，广东碳排放权交易市场通过针对变动覆盖行业的滚动法设定配额总量。广东碳排放权交易市场在具体操作中使用了两步法：第一步是明确配额总量的上限，上限的确定要按照覆盖行业范围的基准年排放量在区域排放总量中所占的比重；第二步是在行业整体规划、减排技术潜力以及成本的基础上调节该上限值。从配额总量设定的历年情况来看，广东碳排放权交易市场的配额总量展现出随年份变化小幅度增长的变化态势。在 2013 年，广东碳排放权交易市场的配额总量数额为 3.88 亿吨，包含了两大部分，纳入实体配额的数值为 3.5 亿吨，储备配额的数值为 0.38 亿吨，储备配额涵盖了新建项目企业配额以及调节用途配额。在 2014 年，广东碳排放权交易市场配额总量数额为 4.08 亿吨，同样包含了两大部分，控排企业配额数值为 3.7 亿吨，储备配额数值为 0.38 亿吨，这些储备配额涵盖了新建项目企业配额以及市场调节配额。到 2015 年，配额总量设定在 2014 年的基础上没有发生任何改变。

天津碳排放权交易市场进行的配额总量设定，将"自上而下"和"自下而上"的方法进行了融合，在"十二五"规划期间，天津市碳排放总量是按照本市国民经济发展规划上列出的下降 19％ 的单位 GDP 强度碳排放目标以及经济增速目标进行综合考虑的，同时结合所覆盖行业占的比重最后敲定了配额总量。从配额总量结构来看，天津市规划了两大部分，即基本配额以及新增设施配额。

湖北碳排放权交易市场的配额总量设定展现出了自身的特点，在分解国民经济发展规划减排目标时，湖北省将排放预算的确定分为低、中、高 3 种不同 GDP 增速的状况，同时结合 3 种政策选择，即正常、低碳与强化低碳，将 3 种增速与 3 种政策进行匹配，产生了 9 种经济增长和低碳政策的混合模式，在此基础上对 2015 年的湖北省碳排放总量进行预计，选取了"经济中速增长＋低碳情景"这一预测结果。比如湖北省在对 2014 年到 2015 年的减排目标进行分解时，综合考虑分析了 2014 年 11％的 GDP 增速以及 2015 年 10％的 GDP 增速，以此来设置湖北省的碳排放量总额。在此目标的指导下，确定 2014 年度配额总量的数值为 3.24 亿吨。而就配额总量的结构而言，湖北省配额总量有 3 个层次，在既有设施的年度初始分配配额之外还有新增预留储备以及政府预留储备。把 2010 年核准碳排放量的 97％作为基础确定了既有设施的配额初始分配，针对新增设施的产能与既有设施的新增产量这两种情况增设了预留配额储备。如果新增预留储备不够满足需求，就可以使用政府预留配额，其所占配额总量的比重是 8％，而新增预留储备不同，故未确定具体的比重值，新增预留储备通过将全省年度总量扣掉既有设施初始分配和政府预留储备的配额数量进行计算。

重庆碳排放权交易市场对配额总量的设定不同于前述各个省市的试点碳市场，差异在于重庆使用的是一种与欧盟确定第三交易期的配额总量固定减排比率极为相似的方法来确定配额总量。比如在"十二五"规划期，以从重庆国民经济发展规划中分解出来的减排目标为出发点，减排目标是在 2010 年碳排放强度参考基线的基础上，2015 年的单位 GDP 碳排放减少 17％。通过碳减排总目标的限制，重庆碳排放权交易市场确定第一年的配额总量的数值是 1.25 亿吨，将处于规划内的单位从 2008 年到 2012 年的年排放量的最大值加总，得到计算基线，在规划期的最后一年之前，让配额总量逐年依次降低 4.13％，从而得到上限值。重庆碳排放权交易市场在绝对配额总量设定方面，开创了全国碳交易试点的特例，但需要注意的是，进行初始期配额总量的确定时，将所有碳排放源的排放最高值相加，配额的分配就会过多，对于控排单位而言，即使没有节能减排举措，照样能够轻松达到履约要求。

综上分析，总量控制方面的问题主要表现在以下 3 个方面。

3.1.1.1 过于宽松的总量设定问题

考虑到目前我国正经历着飞速的工业化和城市化，碳排放强度与经济的发展存在着千丝万缕的联系，正是基于此原因，绝大多数省市的试点碳市场使用的都是基于国民经济发展规划的碳减排目标的较灵活的配额总量设定模式。也就是说在两三年的履约期中，从经济增量需求出发确定可变的配额总量，有一定概率会随时间增加而不会逐年减少。从经济增长出发的碳排放需求预期并不简单，同时须优先于减排考虑。而试点省市中唯有重庆在配额总量设定上有所不同，采用了固定减排率这一指标，尽管这种方法与国际上的发达地区类似，如欧洲，可这并不能够说明重庆碳排放权交易市场的控排单位所处产业目前已达到了产量增长与碳排放不产生关联这一后工业期的特征。并且重庆市的做法导致了配额的分配过量，设置固定下降率的减排实质上是形式化的，不是实际上的。过于宽松的总量设定不能产生明显的环境保护成效，还使得碳排放权交易市场不能发挥基本的鼓励节能减排的功能。所以重庆碳排放权交易市场的基于固定减排率的配额总量设定，绝对总量的估算过高，希望以此能获得更大的减少空间，不符合现阶段我国各个省市经济增长的实际。其他 6 个试点碳市场采用滚动配额的总量设定，是一种非常稳健的做法，尽管给予了配额总量绝对值的增长空间，但也要看到配额总量的增长率其实是伴随着经济的发展逐步下降的，这对于推动碳排放逐渐脱离经济增长的进程能发挥支持功能，并能适应我国现阶段发展的需求。

3.1.1.2 配额总量的结构问题

就配额总量的结构而言，所有试点碳市场分属于三大类。天津碳排放权交易市场和上海碳排放权交易市场的总量在既有排放源配额的基础上增加新入者配额储备，总量分为两大部分；北京、广东、湖北以及深圳四个碳市场在天津和上海做法的基础上增设了调节配额储备，这是出于应对市场的不稳定性的需求设定的，各地设置的具体比例各不相同，湖北最高为 8%，其次北京为 5%，深圳最低为 2%，广东较为特殊，将调节配额储备放入了 10% 的配额储备总量；重庆碳排放权交易市场并未专门规定新入者配额储备以及调整用配额储备，只是划定了补偿配额，补偿配额来自扣减、关停回收以及分配差值。重庆碳排放权交易市场的配额总量结构和以协商分配为基础的分配方法之间是有关联的，展现出了适应性，可若处在非博弈分配的状况下就缺乏意义。北京等 4 个省市的试点碳市场配额总量结构，将经济增长的需求和市场的波动性都作为考虑因素，同时参照了欧盟等发达经济体的总量结构设置情况，结构非常全面、完备。就我国试点碳市场的实际运行成效而言，新入者配额储备似乎展现出了更强的实用性，因为碳排放权交易市场活跃度不高，配额价格一直表现得较为低迷，需要有政府介入进行指导。市场调节配额的功能是应对配额价格上升或下降幅度过大的情况，就当前状况来看尚不能真正发挥应有功能，但是仍应看到履约期最后阶段由政府使用调节储备来进行配额的增发，使控排单位达到履约要求，所以此种配额储备还是能发挥一定的作用。

3.1.1.3 碳排放的重复计算问题

就配额总量设定而言，7 个试点碳市场均在机制结构性上出现了问题，在对碳排放的重复计算上充分体现出来了。重复计算问题基本集中在直接或者间接排放产业的覆盖上，尤其是电力的生产以及消费上。北京、上海、广东以及深圳4个试点碳市场均将辖区内服务业的间接排放纳入了计算范围，可同时火力发电行业的直接排放也处于计算范围中，也就是说将处于相同碳排放链上的碳排放计算了两次，重复计算问题也就出现了，因此，试点碳市场碳控排量与配额分配总量无法对应，前者会低于后者，致使配额分配工作产生的最终环保成效大幅度下降。具体说来，本来对直接排放和间接排放进行同时完全覆盖是出于对节能减排的支持，可是在我国，政府把控监管着电力价格，电力产业未能彻底达到市场化，因此，火力发电行业配额的成本无法传导给位于下游的用户，配额成本无法发挥出传递功能，所以应当同时考虑位于下游的电力消费者的间接排放，从而使得对节能减排的支持以及能效的提高能真正实现预期的碳减排成效。

解决区域碳排放权交易市场出现的重复计算问题需要等待未来对电力产业的改革，也需要构建具有适应性的分配抵消机制。在配额总量的设定中，重复计算问题已经在国际碳市场发展历程中有所体现，特别是对于北京、上海与深圳这3个试点碳市场，由于覆盖服务业以及公共与商业建筑行业，相同排放同时在上下游分配配额的问题更为突出，因此，须构建具有适应性的抵消机制，从而为配额总量设定和整体减排目标的一致性提供保障。需要再注意的是，产品或服务若已经处于配额管理的覆盖范围，针对此项产品或服务发生的跨区域的流动，为了不出现重复分配配额的情形，如何确定抵消的方式，仍旧是一个有待研究的重要问题。

3.1.2 碳排放机制的配额管理问题

碳排放机制顺利运转的基础是配额分配方案，配额分配方案确定的关键是配额分配方法。目前，我国有 7 个省市的试点碳市场正在运行中，对试点碳市场配额分配方法进行对比分析以及综合考虑不同地区和不同行业的特殊情况，探究如何制定出针对我国统一碳市场的配额分配方法，成为各方讨论的热点问题。

3.1.2.1　配额分配方法选择问题

配额分配方法在本质上是通过对配额分配方式的考量确定的。目前，基本的配额分配方式有以下 3 种：免费分配、拍卖分配和二者混合分配。而对于中国正在运行中的 7 个省市的试点碳市场而言，第一种的免费分配方式是被广泛使用的。在 7 个省市的试点碳市场之中，重庆碳排放权交易市场的配额分配方法最为特殊，没有使用历史排放法和基准线法，而使用了自主申报，即在配额分配的基数上进行调整，先申报，然后分配，最后调整，通过这 3 步来完成碳排放权的配额分配。各省市的试点碳市场没有局限于最为主流的配额分配方法，而是在不断变革。在此之中，5 个省市（北京、上海、广东、天津和湖北）的试点碳市场都对配额计算以及配额管理的具体方案进行了公开。各个省市的试点碳市场使用了明显不同的配额分配方法，这是由各个试点碳市场的差异性决定的，无论是经济发展态势与长期规划，还是能源结构及重点发展行业均能展现出极大的差别。

试点碳市场配额分配方法具体比较分析如表 3-1 所示。

表 3-1　中国 6 个试点碳市场配额分配方法比较

地区	历史排放法	基准线法
北京	①2013 年 1 月 1 日之前投运的制造业等工业和服务业；②设置控排系数	①2013 年 1 月 1 日之前投运的供热企业和火力发电企业；②新增设施

地区	历史排放法	基准线法
上海	①工业（除电力行业外），并将其新增设施纳入配额管理；②商场、宾馆、商务办公建筑和铁路站点行业，对其新增设施不实行配额管理；③考虑先期减排因素；④考虑新增项目因素	①电力、航空、港口、机场等行业；②电力行业考虑负荷率修正系数；③非电力行业考虑先期减排因素
广东	①石化行业和电力、水泥、钢铁行业部分生产流程（机组或产品）；②设置下降系数	①电力、水泥和钢铁行业大部分生产流程（机组或产品）；②新建项目企业；③设下降系数
天津	①电力、热力和热电联产行业之外的行业；②设置绩效系数；③设控排系数	①电力、热力和热电联产行业；②新增设施；③设下降系数
湖北	①电力行业之外的工业企业；②电力行业配额分配的第一步；③设置总量调整系数	①电力行业配额分配的第二步；②设预发配额比例
深圳		对所有参加碳交易的管控范围内的企业和单位制定目标碳强度

由表3-1可以看出，在配额分配方法的选择上，各省市的试点碳市场主要有以下三个相同点：

第一，针对历史排放法和基准线法的选择，除了只使用基准线法的深圳碳排放权交易市场，其他试点碳市场都同时使用了历史排放法与基准线法两种方法。

第二，针对新增设施配额分配方法的选择，只有上海碳排放权交易市场使用了历史排放法，而其他试点碳市场广泛使用了基准线法。

第三，针对电力行业配额分配方法的选择，只有北京碳排放权交易市场使用了历史排放法，而其他试点碳市场广泛使用了基准线法。

3.1.2.2 配额分配方法的改良

考虑到自身特点，各省市的试点碳市场也在改良优化碳排放权的配额分配方法。

（1）在历史排放法中增加调节系数，达到调整已有配额的目的。采用这一策略的有4个试点地区，北京、天津、广东和湖北，调节系数考虑到总体的经济发展目标规划和不同行业的性质。

（2）先期减排配额与绩效系数的增设。上海碳排放权交易市场在配额分配方法中增设先期减排配额，天津碳排放权交易市场在配额分配方法中增设绩效系数，各企业和单位在以前所做出的减排行动与成果通过这两大指标的增设得以体现。

（3）工艺流程调整配额的增设。广州碳排放权交易市场在配额分配方法中增设了工艺流程调整配额，将工艺流程调整这一影响碳排放的因素纳入考量范围以内。

（4）配额调整量的增设。北京和天津碳排放权交易市场在配额分配方法中增设配额调整量，将一些重大变化的情况纳入了考量范围，如企业单位增加值或产值碳排放的重要改变、兼并、重组等因素引起的企业组织边界的重要改变。

综上所述，尽管我国各个省市的试点碳市场所采用的配额分配方法从整体上看呈现出相同点，但从具体来看各地区的配额分配方法还是具有本地区的特性。

3.2 市场交易运行机制问题

碳排放权交易运行机制是柔性的，具体而言，企业对剩余的碳排放权既能选择放入碳排放权专属账户，为以后做准备，也能选择在恰当的时机将其卖给其他有需求的企业。碳排放权交易运行机制所具有的柔性保障了碳市场节能减排目标的实现。碳排放权交易市场若脱离了柔性的交易运行机制，企业碳排放配额的剩余也就意味着作废，企业对碳排放配额的需求也就直接意味着处罚，也就不能实现碳排放配额的优化配置，不能实现其平稳的价格。

各试点碳市场及四川省碳市场交易所交易运行机制的主要内容如表3-2所示。

表3-2　中国碳市场交易运行机制比较

交易机构	交易主体	交易方式	交易对象
北京环境交易所	履约机构、非履约机构、个人	公开交易、协议转让	BEA、CCER、林业碳汇与节能项目碳减排量
上海环境能源交易所	自营类会员、综合类会员	挂牌交易、协议转让	SHEA、CCER
天津排放权交易所	国内外机构、企业、团体、个人以及认可的机构	拍卖交易、协议交易	TJEA、CCER
重庆碳排放权交易中心	纳入重庆市配额管理范围的单位、符合本细则规定的市场主体及自然人	协议转让	CQEA、CCER
湖北碳排放权交易中心	国内外机构、企业、组织和个人（第三方核证机构与结算银行除外）	协商议价转让、定价转让	HBEA、CCER
广州碳排放权交易所	广碳所会员或委托广碳所会员参与交易	挂牌点选、协议转让	GDEA、CCER
深圳排放权交易所	交易会员、通过经纪会员开户的投资机构或自然人	电子竞价、定价点选、大宗交易	SZA、CCER

交易机构	交易主体	交易方式	交易对象
四川联合环境交易所	经纪会员、机构会员、自然人会员和公益会员、重点排放单位直接成为机构会员	定价点选、电子竞价和大宗交易	SCEA、CCER

3.3　履约问题

尽管所有的试点碳市场均确定了各年的履约日，但不少碳市场都出现了实际履约日和规定日不符的问题，为研究试点碳市场需要的履约经验，从而支持四川省碳排放权交易市场的建设，笔者统计所有试点碳市场在各年的实际履约日以及履约率，通过计算实际履约日前完成履约任务的控排单位数量与该年控排单位总数的比值而得到履约率，现将试点碳市场的履约状况进行总结。

3.3.1　履约推迟的现象普遍发生

各省市的试点碳市场在履约情况方面大多出现了推迟的问题，2013—2014年度，按期完成履约的仅有深圳和上海碳排放权交易市场；2014—2015年度和2015—2016年度，按期完成履约的仅有北京和上海碳排放权交易市场；以后两年，按期完成履约的有北京、广东和天津碳排放权交易市场，其他碳市场都出现了履约推迟的问题。究其原因，大多数的控排单位在日常工作中缺乏碳交易管理的积极性，总是被动完成履约要求，推迟碳交易工作到履约期迫近时，致使履约期出现总体上推迟的现象。

3.3.2　履约率持续上升

各个省市的试点碳市场总体的履约率在 99% 以上，大多数试点碳市场的履约率逐年上升，不少碳市场甚至可以实现 100% 的履约率。由此可以看出各个试点碳市场经过几年的探索后，履约机制以及市场规则被控排单位逐渐了解，履约积极性不断提升。

从总体上看，各省市的试点碳市场整体呈现出履约驱动性强的特征。从成交量以及交易价格的变动来看，各省市的试点碳市场的交易量大多出现了在特定时间点，也就是在履约期满前的大约两个月内突然猛增的现象，而年交易量一般集中在履约期满前的大约两个月内，一年中的其余时间的交易量则比较低。值得注意的是，交易价格常常于履约日前后的短时间内出现结构性的突然波动，反映出碳市场的履约驱动性较强，在距离履约日较远时控排单位没有主动进行碳交易的自觉性。出现此类状况在很大程度上是由于碳市场运行时间不长，企业愿意观望而缺乏主动认识与参与的积极性，只是迫于履约的约束进行碳交易，所以配额不足的控排单位为了应付，直到履约日迫近时才进行配额交易，使得碳市场整体处于活跃度较低的状态。而交易量在履约与非履约时间的巨大悬殊将引发价格的大幅波动，既对市场稳定造成威胁，又难以激发碳市场的活跃度，反映实际的市价。同时，交易总在履约日迫近时进行，还很可能引发履约往后推迟的问题。

3.4　市场监管问题

碳排放权交易市场监管制度的基本行为主体有两方，即监管主体与监管对象。

监管主体即在碳排放权交易系统实施监管行为的监管者，具体而言，主要由以下三方构成：国家气候变化主管部门、地方气候变化主管部门和社会公众。国家和地方主管部门是碳市场监管主体的核心，依照规章制度具有监管的权利与责任，其实施的监管行为具有直接性，能按照对应的级别做出对监管对象的监管行为以及惩罚措施。除了主管部门，还有一类特别的监管主体是社会公众，社会公众的监督范围很广，不仅可以监督常见的监管对象，还可以监督各个级别的主管部门，甚至是整个碳排放权交易市场，社会公众的监管是建立在信息公开的基础上的。在碳排放权交易系统之外，还有政府监察部门，其发挥着监督管理各个级别的主管部门的作用。

监管对象即在碳排放权交易市场上活动的受上面所提及的各类监管主体监督的被监管方，主要由以下四类构成：重点排放单位、核查机构、交易机构以及其他市场主体。各个级别的主管部门对上述监管对象施行的是分级监管制度。在这个机制下，各级主管部门分工明确，监管主体与监管对象一一对应。具体而言，国家级气候变化主管部门对应的监管对象是碳排放权交易机构，省级气候变化主管部门对应的监管对象是重点排放单位以及核查机构，而其他交易主体较为特殊，属于国家级气候主管部门以及交易机构的监督管理范围。值得注意的是，国家级和省级不仅是交易主体，还具有监管对象的身份。

监管内容及措施指的是就监管对象所进行的与碳排放权交易有关的一系列行动，监管主体通过合适的手段实施监管行为，必要时采取处罚措施。

因为监管对象之间的差异性，监管内容及措施不仅具有相同之处，也具有不同之处，下面就各监管对象展开论述。

3.4.1 重点排放单位

重点排放单位作为碳排放权交易政策针对的根本对象，是把控碳排放任务的唯一主体，所以成了有关监管部门监管的核心对象。碳排放权交易市场如今已在我国各地建立起来，重点排放单位名单不断加长，规模不断扩大，各地的重点排放单位也具有明显的区别，为了提高监管效率，省级气候变化主管部门就处于管辖范围以内的重点排放单位实施直接监管。具体而言，重点排放单位的监管内容如下：碳排放权交易行为的合规性与是否履行碳排放监测、排放报告报送、接受配合核查、控制碳排放、按期清缴配额履约等义务。

就碳排放监测计划的确定和碳排放报告报送，重点排放单位应当依照有关规定对碳排放实施监测，及时对碳排放情况和有关数据进行报送，并负有确保碳排放有关数据真实、准确、完整的责任。省级气候变化主管部门应当针对重点排放单位迟报、虚报、瞒报、漏报以及未能履行碳排放报告义务的情形进行监管；省级主管部门应当对重点排放单位接受第三方机构核查的情况进行监管，监督是否出现提供虚假、不实的文件资料，隐瞒重要信息或者无理抗拒、阻碍第三方机构开展核查工作，以及不按规定提交核查报告等情形；重点排放单位的控排、减少碳排放在碳排放权交易履约中具有核心地位。省级气候变化主管部门应当对重点排放单位是否按照规定履行配额清缴义务进行检查，以确保足额清缴配额；针对碳排放权交易活动，国家级气候变化主管部门及由国家指定的交易机构须就重点排放单位是否存在内幕交易、操纵市场、产品交割等违规操作进行监督检查。

针对重点排放单位出现的违规行为，各气候变化主管部门须依照有关政策规定，判定违规行为的性质及影响程度并做出对应的惩罚措施。主要的惩罚措施有如下几种。

3.4.1.1 行政处罚

停止借助政策所取得的所有资本资助，剥夺该重点排放单位进入低碳减排和环境保护类的评优候选资格，把违反规定事项列入该单位的绩效评价，降低该单位的碳排放配额发放量等。

3.4.1.2 罚款和没收非法所得

在经济上惩罚违反规定的单位已成为关键监管手段，具体惩罚有按照行政法规做出的行政罚款，按照碳排放权交易有关法规做出的在市价基础上的加倍罚款和没收非法所得等。

3.4.1.3 纳入信用记录、实行信息公开和联合惩戒

若重点排放单位在排放报告、核查、配额清缴以及交易等流程中违反相关规定，可进入该重点排放单位的社会信用记录以及企业环境信用记录查看，相关数据会被录入全国信用信息共享平台。气候变化主管部门会与工商、税务、金融、法院这些执行单位一起，对违反相关规定的重点排放单位予以惩罚。

3.4.2 第三方核查机构

核查制度从本质上来说是监管措施的一种，它是通过第三方核查机构得到落实的，第三方核查机构也就保障着核查制度目的的实现。正因如此，针对其的监管对于碳排放权监管制度来说是不可或缺的。对第三方核查机构的监管需要从事前、事中和事后三大方面入手，先通过国家级别的气候变化主管部门对监管内容及措施进行规范，再由省级气候变化主管部门落实具体的工作。

针对第三方核查机构的监管内容具体由准入管理及事中和事

后监管两方面构成。

3.4.2.1 准入管理

在第三方核查机构的资格上进行把关，制定准入制度成了保持碳排放权市场严肃性的重要一环，同时与国际上的惯例相符。国家主管部门须明确一致的核查机构和核查人员准入要求，省级气候变化主管部门按照此要求，明确地方核查机构和核查人员，将核查机构和核查人员纳入双重备案。省级气候变化主管部门也须负责核查机构和核查人员的培训、考评与认证等具体工作。

3.4.2.2 事中和事后监管

省级气候变化主管部门须审核核查机构在核查流程中的合规性和技术性，保证独立核查报告的可靠性。其进行审查的关键事项如下：核查机构帮助重点排放单位进行数据造假、核查报告造假以及报告出现关键错误，泄露重点排放单位信息，进入碳市场从事交易活动，给企业带来经济损失以及和企业之间存在其他利害关系与背离公平竞争性等问题。

针对第三方核查机构的监管措施及手段主要包括：现场审查、再次审查核查报告、对核查机构出具年度工作报告提出要求；以年度为单位考核核查机构，就违反规定事项者给予行政处罚以及罚款、赔偿企业的经济损失、没收非法所得、把违反规定的核查机构加入黑名单、向社会公布核查机构信用记录以及取消备案等。

3.4.3 **交易机构**

交易机构是组织并监督管理碳排放权交易活动的机构，是碳排放权交易市场正常运作的基石，交易机构的一系列工作都处于国家碳排放权交易主管部门的监督管理之下，从而实现国家对碳交易市场的管理。国家相关部门针对其的监管主要由准入、事中与事后检查处罚构成。

在交易机构的准入管理方面，国家气候变化主管部门须设置明确的准入标准，据此审批并备案。交易机构须按照碳排放权交易相关法规明确交易规则、会员管理、信息发布、结算交割和风险控制这些细则，同时到国家气候变化主管部门备案。事中检查关注交易机构对碳排放权交易的管理、其资金流动过程，检查所公开的交易信息数据是否具有可靠性和时效性，风险管理制度是否有制定和贯彻，是否依循交易规则，按时上报数据，是否存在违规交易操作、泄露交易主体商业机密、交易机构工作人员存在利害关系等情形，同时保持对碳市场行情变化情况的关注与把控，从而为碳市场的公平公开、健康发展、风险规避提供保障。

对交易机构的事后处罚措施包括：对于违反规定的交易机构，主管部门应责令其限期改正或依法给予行政处罚；情节严重的，国家主管部门应暂停其交易业务或取消其交易机构资质；给交易主体造成经济损失的，应承担赔偿责任；构成犯罪的，应追究刑事责任。

3.4.4 其他市场主体

其他市场主体即除了重点排放单位、核查机构和交易机构之外的加入碳排放权交易市场的所有机构或者个人，其他市场主体的活动对于提高碳市场的活跃度，并推动社会公众共同加入低碳减排的队伍有着重要的作用。国家级气候变化主管部门和交易机构是对其他市场主体实施监管工作的负责方，而针对其他市场主体的具体监管工作则由交易机构负责。具体监管内容涵盖市场主体的利益冲突情况、内幕交易、洗钱、操纵交易价格、扰乱市场秩序等违规和违法犯罪行为。对这些市场主体的监管措施包括：

由主管部门责令其限期改正；情节严重的，进行行政处罚；纳入个人信用记录；给其他交易主体造成经济损失的，应承担赔偿责任；构成犯罪的，应承担刑事责任。

3.4.5 政府主管部门

为了实现碳排放权交易政策的作用，确保市场良好运转，主管碳排放权交易的政府部门须被国家监察部门以及社会公众监督。政府主管部门如果从配额分配、碳排放核查、碳排放量审定、第三方核查机构以及交易机构监管等事务中获取不正当利益，或者违规泄露与碳排放权交易相关的保密信息以及滥用职权、失职、渎职、玩忽职守、徇私舞弊，都将依据国家政策规定受到行政处分；给他人造成经济损失的，须依法承担赔偿责任；构成犯罪的，应依法承担刑事责任。

3.4.6 信息公开与社会监督

要让各种主体加入碳排放权交易中来，就一定要实现信息公开，信息公开也是社会公众监督碳排放权交易所依赖的信息来源。碳交易主管部门和其他相关机构需要及时向社会公布相应政策和市场相关信息，内容应包括：①政策信息，即碳交易政策法规、规范性文件、指南标准、纳入温室气体种类、纳入行业、重点排放单位纳入标准、纳入单位名单、配额分配方法、配额总量及分省配额、碳交易政策定期评估报告等；②市场主体信息，即重点排放单位的配额分配额度、年度重点排放单位的排放和配额清缴、核查机构名录及其评估状况、国家确定的交易机构等；③市场交易信息，即配额及其他产品交易的信息与数据，包括交易行情、交易数据统计资料、交易所发布的与碳排放权交易有关的公告等；④社会信用信息，即由社会信用信息共享平台发布的碳市场主体失信信用记录的相关信息等。

政府主管部门还须对举报电话和电子邮箱进行公开，以确保社会公众监督的渠道得以畅通。所有单位和个人可以对碳排放权交易市场的全过程进行监督，无论是重点排放单位和核查机构，还是有关监管部门，都对所有碳市场参与主体做出的违反规章制度的行为拥有举报的权利。

针对碳排放权交易的监管依赖着信息技术手段，而监管中所使用的技术手段承载着落实相关政策、存储大量信息、整理并公开信息的作用，对碳排放权交易监管来说起着基础设施的重要作用，这些技术系统由以下四种组成：企业排放报送系统、注册登记系统、交易系统和信息公开网站。

3.4.6.1　企业排放报送系统

从碳排放监测、核算到报告，都应当确保真实性和完整性，所以信息技术方法的使用非常重要，须开发能实现数据录入与计算、信息报告与监管、规划管理等多种功能的企业排放报送系统。通过企业排放报送系统，温室气体排放报告有关信息传递的时效性、简便性和准确性得到了保障，实现了企业监测、核算、报告、政府监管、分析、决策等流程有效衔接，成了碳排放权交易市场运作依赖的关键信息系统。

3.4.6.2　注册登记系统

注册登记系统作为一个电子信息管理工具，可以存入当前碳排放配额的归属信息以及碳排放权交易的完整流程，从碳排放配额的产生与划拨，到持有与履约再到交割与核销。注册登记系统对于参与碳排放权交易市场的所有主体是不可或缺的。该系统还能为监管工作提供有效支持，因为其运行处于国家主管部门的管理之下，成了支持碳排放配额流转的关键技术。登记系统还可与企业排放报送系统以及交易系统相连接，实现数据交换，从而强化支持政府对碳交易市场的监管。

3.4.6.3 交易系统

构建交易系统，是出于确保碳排放权交易公开性和公正性的目的，因此，该交易系统是一个具有可靠性和稳定性的电子交易平台，能够实现查询、清算、监管等多种需求，从而满足碳排放权交易的需要。碳交易主体不仅可以在这个交易系统上实现实时的配额交割，还能实现碳排放权管理与碳排放权交易风险管理、确保资金收付的安全性、完成和登记簿之间的信息传递等活动。同时，监管机构的监管也依赖于交易系统，通过从交易系统得到的全面的交易信息，包括交易主体信息、碳排放权市场波动情况、风险水平，从而提高监管调控的有效性。

3.4.6.4 信息公开网站

碳排放权交易信息与数据的对外公开有赖于主管部门创建的门户网站、公共服务平台网站以及其他机构的官方网站这些信息公开网站。凭借这些信息公开网站，对碳政策进行公示，对参与碳市场的各类主体的重要信息进行更新，如重点排放单位的控排情况、核查机构的核查情况，还可以对碳市场整体的交易行情和各主体的信用状况等关键信息进行公布，使进入碳排放权交易市场的各类主体能关注到碳排放权交易的运作现状，从而实现有效的监督，有利于各类主体在整个社会中形成自觉遵循低碳环保理念的风气，所以信息公开网站成了提升碳排放权交易市场监管力度不可或缺的渠道之一。

从上述分析可以看出，众多主体被卷入碳排放权交易中。正是基于这一性质，在监管规定中须具体区分不同的监管主体与监管对象，在出台法律法规和其他相关规定的基础上，应形成分级监管体系，划分不同主体的责任，明确对应的监管内容，采取相应的监管举措，并能借助信息技术的力量，最终构建全面的真正能发挥巨大作用的监管体系（如图 3-1 所示），实现碳排放权交易政策的规范性和约束性，有助于达到节能减排目标，并为碳排放权交易市场的有效运作与长远发展奠定坚实的基础。

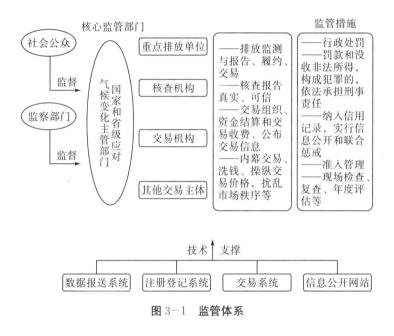

图 3-1　监管体系

3.5　基础系统建设问题

3.5.1　交易系统问题

碳市场的发展避免不了要面对碳交易信息不对称的问题。如果在碳市场上出现交易信息不对称，交易者就会面临信息采集成本过高的风险。首先，信息的可靠性很难得到保障，这是由统计口径出现差异，缺乏第三方的监督管理造成的；其次，没有公共的可供取得配额等重要数据的官方平台。以上问题均妨碍到了碳排放权交易市场的长期健康稳定发展。正因如此，在当前绿色金融热度不断攀升的背景下，发展出成熟且高效的碳市场交易系统尤为关键，这也会影响到有关部门的监督管理以及研究的进一步深化。

目前我国碳排放权交易市场的建设已经有了一些基础性的成果，绿色发展、低碳减排的理念已经深入人心，并且逐步得到落实。2008年的短短两个月内，在国家发改委的部署下，北京、上海、天津的碳排放交易机构建立，之后碳排放交易机构也逐渐遍布我国多个省市，越来越多的地方政府将碳交易机构纳入发展清单。兴起的众多碳交易机构虽然名称各不相同，但大多使用了一些相同的关键词，如"环境""产权"或"能源"。

随着碳排放权交易所的建立，我国各个省市的碳交易平台也应运而生。要进行碳交易，就不可能没有碳交易平台，碳交易需要有对应的碳交易机构和碳交易系统。交易方的注册以及结算是碳交易平台的关键，我国各试点省市也出现了一些碳排放权相关交易平台，比如北京的VER电子交易平台、上海的世博自愿减排平台、天津的自愿减排服务平台。四川省目前也已经建立了自己的碳交易机构及碳交易平台、四川联合环境交易所按照国务院碳交易主管部门有关规定，为开展碳排放权交易活动开发了符合要求的交易系统、结算系统以及其他必要的设施设备，并提供咨询、开户、注册登记、交易、清算交收、查询及信息发布等服务。在四川联合环境交易所官方网站下载碳交易客户端即可进行碳交易。四川省碳交易市场开市4个月，累计成交量就达到75吨，在全国9家碳交易机构中位列第四。

当前全国各省市的碳交易量是有限的，大部分交易机构的主要业务并不是碳排放权交易。碳交易机构的建立大多采用了类似的方式，让拥有巨大财力的大企业入股，在各省市已经成立的产权交易机构的基础上改制，仅仅增加了交易内容，将交易范围扩展到碳排放权交易，因而一般并不会进行真正意义上的改革。各省市的产权交易机构不断复制这一模式，甚至可以有多少产权交易机构就可能有多少碳交易机构。对于北京环境交易所、上海环境能源交易所、天津排放权交易所而言，虽然其成立和发展时间较长，也取得了一些成果，可经营业绩都不太理想，就算实现盈利，也并不是依靠碳排放权交易。我国碳排放总量非常大，可要建成真正属于自己的碳市场，还有较长的路要走。

虽然与碳排放有关的交易机构已经遍布我国多个省市，但碳排放权交易量有限，各碳交易机构的规则各不相同，不能形成统一的碳排放权交易市场，加上各省市交易机构数据收集能力不足，导致参与碳交易的主体无法获得全国范围的充足的信息，和国际碳排放权交易市场进行直接连接就更为遥远。从国外碳市场发展实践来看，大多数国家或者地区拥有的较为成熟的碳交易机构只有一两家。从我国现实来看，大多数碳交易机构的效率还较低，尤其是规模有局限，在运作过程中不能实现碳交易机构本应具有的服务，服务效率有待提高。正因如此，搭建全国性的统一的碳排放权交易平台，对当前各省市碳交易机构各自为政的状况进行调整，从而实现高效的碳排放权交易，是接下来我国碳排放权交易市场的重点工作。

3.5.2　信息系统问题

直面温室气体排放问题，我国正在大力发展切合我国实情的碳排放权交易市场。当前全国范围内已出现了温室气体排放在线填报系统、企业温室气体排放数据直报系统、企业碳排放计量管理平台（CAMP）、国家碳市场帮助平台、中国碳排放交易网等一系列有关系统。

温室气体排放在线填报系统的主要功能在于给核查机构核查控排单位填报的温室气体排放量提供支持。控排单位能够在温室气体排放在线填报系统上录入自己测量出的温室气体排放结果，进行计算后，在该系统中填报自己测量的和经过系统计算后的数据。该系统还能为政府相关部门提供监管控排单位的动态服务，进行温室气体排放状况的数据分析及支持温室气体排放管理工作。

企业温室气体排放数据直报系统可以实现对全部控排单位进行管理的需要。控排单位填写温室气体排放数据后，该系统会给控排单位的温室气体数据计算提供帮助。对于核查机构而言，该系统能够给出控排单位上报的碳排放数据以及核查方法。对于政府相关部门而言，该系统能够汇总控排单位上报的碳排放数据，并进行进一步的分析，从而为政府决策提供支持。

企业碳排放计量管理平台（CAMP）可以实现国家环保部门和其他有关管理机构针对碳排放的监管。核查机构借助该系统用于对控排单位上报的温室气体的核查工作。该系统在控排单位录入的温室气体数据的基础上协助控排单位核算，从而使控排单位能正确认识自身的碳排放状况，为控排单位的节能减排工作提供合适的方案。

国家碳市场帮助平台能够详细说明碳市场参与主体在碳市场上进行活动的细则，解答碳市场参与主体的各种疑问，帮助参与主体正确认识碳市场的规范以及标准，为碳市场的未来发展奠定基础。

中国碳排放交易网广泛收集了关于碳交易的相关信息，涵盖碳资产管理、碳税、碳交易案例等各类内容，同时对碳排放权交易市场的最新信息进行发布，为碳市场参与主体认识碳市场、及时了解新动态提供支持。

　　碳排放权交易市场的运行是建立在大量有关数据的基础上的，政府决策和企业行为也基于碳排放数据信息，所以对于碳市场而言，构建碳交易信息系统是必要的。结合我国碳交易信息平台的发展状况，四川碳排放权交易市场需构建一个具有以下功能的有效碳交易信息系统。

3.5.2.1　信息收集

　　采集在四川省范围内的碳排放数据，涵盖不同行业的归纳配额、实际与潜在碳排放量等一系列相关数据。信息不仅来源于组织机构、控排单位的上报，还包括各种类型的数据库，涵盖能源、外贸、经济统计各个层面。同时，信息收集依赖于提前确定的报告周期，包括选择月度、季度或年度，实现规划的数据层次以及确定项目、企业和行业不同层次。针对重点地区和重点企业，更要收集到完整的数据。

3.5.2.2　数据审核

　　检验录入系统的数据信息，保证数据的可靠性。数据审核可以通过政府监管部门的审查，也可以通过第三方审核机构的检验，而各种系统的数据的对照比较也是重要的审核方式。该系统需向更新而有效的审核手段开放，例如在对实际碳排放水平检测这一环节运用智能远程监测工具。

3.5.2.3　信息整理

　　把加工采集的数据信息，调整为规范的格式，为有关各方取得所需数据提供帮助，从而汇总分析数据。

3.5.2.4　信息发布

　　信息发布包含对内和对外两种方向，发布的内容包括原始数据和经过加工的数据。值得注意的是，从事信息发布工作的人员需得到授权，且凭借确定的渠道，在合适的时间进行数据信息的发布，以防止出现信息提前泄露的情况，引发碳市场剧烈波动。

3.5.2.5 信息查询

信息查询保障对信息有需求的相关各方而言，可以简便且快速地获取有关需求的信息。就碳市场买卖参与方而言，能够获得在碳市场交易中所需要的信息，比如价格、配额出售方及需求方，从而为碳交易的运作提供便利；就科研人员而言，能够获得科研所需的一系列重要信息，比如价格变动趋势、历年减排量。

3.5.2.6 信息预测

政府制订减排计划、分配碳排放权配额，离不开对相关数据信息的科学分析，其正是以此来预测将来的实际排放量和减排量。所以，应在信息系统中建立数量经济模型，如碳价变动预测模型、减排技术与项目投入产出预测模型、四川省碳排放影响因素模型。通过这些科学分析来预测未来四川碳市场的形势，找出四川碳市场的关键问题并进行有效处理控制，为四川碳市场的长期健康发展助力。

以目前四川联合环境交易所搭建的四川碳交易系统、省重点单位温室气体报告系统以及企业温室气体排放云计算报告平台为起点，进行对功能的改善与整合，让系统朝着更加高效、更加稳定、更加安全的方向发展，同时注意兼容国家注册登记系统以及银行存管系统等多种外部系统，并借助大数据以及云计算等多样的最新技术成果，最后形成兼具政策信息发布、服务与管理、咨询与培训、项目和技术合作等多样化功能的绿色低碳服务系统。

3.6 其他相关问题

3.6.1 碳排放权政策协调性问题

首先，协调碳排放权政策和其他节能减排政策的关系。要真正实现节能减排目标不可能只靠单一的渠道。碳排放权交易市场的确能产生非常好的节能减排效果，可政府还是不应该局限于碳市场，依赖碳市场达到碳减排的最终目标，而需要选择恰当的时机采取有效的辅助方式，如碳税。使用碳税就需实现碳税和碳排放权交易市场的协调，从而让碳税和碳市场的功能得到最大限度的发挥。与此同时，还需结合直接作用于控排单位的强制性节能减排规定，如强制性的减排目标、可再生能源补贴和节能补贴政策，从而使其一起作用于最终节能减排目标的实现。

其次，协调碳减排责任和区域及行业发展水平的关系。"共同但有区别的责任"与"各自能力"两大原则需在分担区域间和行业间的碳减排责任时得到充分体现。如果未能将区域和行业的差别纳入考量的范围，就会导致部分控排单位承受超出正常范围的碳减排压力。就配额分配而言，需将区域特点、行业特性和对应的碳减排压力结合在一起进行分析。对于所处区域发展水平较低、行业利润较少的控排单位，碳排放基准线标准需适当提高，从而使其所承受的碳减排压力降低；对于所处区域发展水平较高、行业利润较多的控排单位，碳排放基准线标准需适当降低，从而使其所承受的碳减排压力增加。与此同时，应制定多条适当的基准线，使行业内的差异得以平衡，以保障在可比条件下，基准线能够反映出技术的先进性，推动控排单位不断凭借技术改造来达到碳减排目标。就碳排放信息监测报告而言，应将有差异的方法运用到有差异的控排单位上。如果控排单位的规模较大，具备较强的监测能力，应使用实测排放因子，对控排单位整体以及设备单元的数据进行报告；如果控排单位的规模较小，缺乏足够的监测能力，应使用参考排放因子，对控排单位的整体数据进行报告，最后实现控排单位的碳排放监测报告成本的全面下降，从而保证较高的信息质量。

3.6.2 碳价失真问题

在各省市碳市场全面发展的这些年，碳价失真的情况屡屡出现，要建立和完善四川碳排放权交易市场，需完善机制，确保碳价对真实减排成本的反映。在控排的碳市场上，减排空间较大、成本较低的控排单位能够通过实现更大的碳减排量，将未使用的碳配额卖给减排成本较高的控排单位，从而取得收益。所以，碳价需能够代表国家或者地区的减排成本均值。2013—2014 年的两年间，北京、上海、天津、重庆、湖北、广东和深圳七省市先后开展碳排放权交易试点工作，试点碳市场自建立以来，碳价大幅度波动的状况频频出现在各个碳市场，各个试点碳市场的碳价有很大的悬殊，无法代表减排成本。深圳碳排放权交易市场的碳价初始值位于每吨 30 元上下，接下来狂飙到 130 元以上，后来跌落至 70 元上下，现阶段在 30~50 元的区间内波动；广东碳排放权交易市场的碳价以每吨 60 元为起点，一路下跌到 10 元上下；上海碳排放权交易市场的碳价有一段时间直接下跌至每吨 5 元上下。所以，需深入发展交易、约束和分配三大机制，最好早日能有从国家层面进行处罚的相关法律，以凭借法律的手段对配额总量的设定、分配以及跨越区域的交易方式进行确定，让政策规范引导碳价，从而反映实际上的碳减排成本。

3.6.3　能力建设问题

在碳市场高速发展的背景之下，打好能力建设基础对于碳排放权交易市场的未来发展尤为关键。从 2016 年开始，我国所有的试点碳市场（包括四川碳市场）都陆续成立能力建设中心。深圳碳排放权交易市场是我国第一个拥有能力建设中心的碳市场，在揭牌仪式当日，开展了"国内首单跨境碳资产回购交易业务发布会"，妈湾电力有限公司与来自英国的 BP 公司进行了全国第一单跨境碳资产回购业务协议的签订，400 万吨配额作为交易标的，创造了试点碳排放权交易市场运行 3 年来最大的单笔交易额。深圳能力建设中心还为河南、大连、厦门等全国各地 13 个省市开展了碳市场能力建设培训会，培训会有关参与人员来自各个省市的发改委及有关监管部门、核查机构与技术支持机构、重点排放单位等各类碳市场参与方。湖北碳排放权交易市场拥有我国第二个碳市场能力建设中心。据湖北碳排放权交易中心董事长陈志祥介绍，按照全国碳市场能力建设的计划，湖北的能力建设中心具有以"1+1+9"为特点的能力建设支持体系：一个实体培训中心，也就是碳汇大厦，还包含模拟交易中心，一个能够容纳数百人的互联网培训中心，在此能够通过教学视频进行全面学习，教学视频分为 5 个大类，数量有上百个；一个行业示范基地，能够使参与培训的人员进入一线的控排单位，直观地接触和了解到控排实践，从而大大提高能力培训工作的成效。基于以"1+1+9"为特点的能力建设支持体系，湖北同一些中部省份，如山西、安徽、江西等，制定并签署了《碳排放权交易跨区域合作交流框架协议》，对这些中部省份举办针对性的区域碳市场能力建设研讨会以及培训会，湖北碳排放权交易市场能力建设中心还被江西、安徽、浙江等多个非试点地区邀请，让其针对非试点碳市场的能力建设展开培训活动。

2016年7月9日，全国碳市场能力建设（成都）中心被国家发改委批准成立，成了全国第7个碳市场能力建设中心，全国碳排放权交易试点范围以外的第一个能力建设中心。成都碳市场能力建设中心是由四川联合环境交易所创立，联合四川大学、四川省经济信息中心、中科院成都分院、四川省社会科学院、四川省科技促进发展研究中心、中国质量认证中心成都分中心、中创碳投成都分中心这些机构一起组建的。据四川省发改委有关负责人介绍，成都碳市场能力建设中心拥有的培训场地能够容纳多达1200名学员，该中心一年能够为上万人次的相关人员提供培训，为四川省发展西部碳交易中心储备人才，提供专业技术支持。四川省须将成都碳市场能力建设中心作为起点，进一步深化四川省各企业的节能减排认识，发展相关专业人才队伍，并能通过技术以及经验的持续积淀，结合细化的控排单位碳减排奖励手段，支持控排单位完成或超额完成节能减排任务，从而为四川碳排放权交易市场的长远健康发展提供切实的保障。目前成都碳市场能力建设中心的培训对象主要为相关从业人员，培训对象单一。因此，为了四川碳市场的长期健康发展，须扩大培训对象的范围，对碳市场所有潜在的参与主体进行辅导，鼓励所有对绿色低碳、碳排放权交易感兴趣的主体参与到碳市场中来，从而增加机构和个人投资者的活跃度。

4 四川省碳排放权交易市场建设的建议

4.1 碳排放权交易配额管理建设

四川省碳排放权交易市场目前还没有配额的分配，而配额分配是需要考虑各个影响因素且建立在一系列相关知识积淀上的复杂系统，与此同时还需考量相关者，需要在政府部门和企业单位之间，以及政府内部各个部门之间构建平衡的关系，因而，建立四川省碳排放权交易市场的配额管理应该侧重于以下五点。

4.1.1 关注差异性

就目前的试点碳市场的情况来看，历史排放法在配额分配中的应用最为广泛，在我国试点过程中已经积累了不少可供总结参考的经验。而对于四川省碳排放权交易市场而言，在应用历史排放法时的关注点应在对差异性的考量上，不同地区、不同行业特点不同，历史排放法参照时期的选取要具有严谨性，还要让企业与单位过去的减排成果在配额分配方法中得到适度的体现。

4.1.2 关注基准线法的使用

在电力行业和新增设施之外的行业中，基准线法使用范围极小，就算是在电力行业，各地区往往也不会使用同一个基准。基准线法的特性在于实现行业内部的公平性，对于四川省碳排放权交易市场而言，应该重点关注基准线法特性的充分展现，在产品（服务）形式较单一或能够按单个产品（服务）设置基准的行业大力推行这一方法，而同时基准线法也不应局限于电力和供暖行业。

4.1.3　科学设置调节系数

科学设置调节系数，各试点碳市场所设置的调节系数考虑到了各自特点，具有科学性，而对于四川省碳排放权交易市场而言，应重点注意对引起极大争论的调节系数的谨慎使用问题，因为调节系数的变化会影响企业讨价还价的能力，从而影响同行业企业之间实现更大程度的公平。

4.1.4　合理编制配额分配方案

在四川省碳排放权交易市场的建设中，应编制并公开具体的配额分配方案，列明配额的调节和其他重要信息，以增加配额分配过程的透明性，提升碳市场配额分配机制的公信力。此外，此项工作应该注意及时性。

4.1.5　注意配额分配对经济周期的适应

配额分配只考虑历史排放水平是不全面的，当前的整体经济趋势、产业发展态势、经济发展波动都会造成参与碳交易的企业的产量的变化，导致企业碳排放水平出现极大波动，而经济的波动性最后致使配额与碳排放水平之间出现极大的落差。经济上行，产量增加，可能导致配额普遍短缺，碳价抬高，提升企业购买配额的成本和生产成本增加，企业竞争力削弱，对整体经济产生冲击；而经济下行，产量减少，可能导致配额普遍盈余，碳价压低，市场交易低迷，碳市场的减排激励作用削弱。因此，应对配额运用基准线法及时调节，配额随产量的增加也增加适量的补充，随产量的减少也减少配额的发放，从而避免因配额变动引发碳价的大幅度变化，在经济上行时不增加企业配额负担，在经济下行时依旧发挥配额的激励效果，使企业达到适中的压力水平，使碳市场得以稳定健康发展。

4.2　完善市场交易运行机制

4.2.1　激发碳市场活跃度

碳排放权交易市场的交易主体即所有加入碳交易过程的碳排放实体。依据所参与市场的差异，有两级市场主体。一级市场主体即所有依靠初次分配而得到配额的排放实体。能够进入初次分配的企业都达到了较高的门槛要求，所以一级市场主体数量较少。正因如此，要想保持碳排放权交易市场的流动性和活跃度，一定要有二级市场主体的加入。二级市场主体即指所有在碳排放权流动过程中加入的市场主体，基本上由机构投资者和个人投资者组成。

我国所有碳市场的交易主体都含有交易会员/自营会员（主要是重点排放单位）和综合类/经纪类会员。就综合类/经纪类会员而言，天津碳排放权交易市场的要求最为严苛，除要求是依法成立的中资控股企业且全国营业网点不少于20家外，综合类会员的注册资本不低于1亿元人民币，经纪类会员的注册资本不低于5000万元人民币。深圳碳排放权交易市场设置的门槛则最低，对于综合类/经纪类会员均没有注册资本的要求。对于自愿参与碳交易的参与人或其他自营类机构，北京碳排放权交易市场设置的门槛最高，要求注册资金要在300万元以上。会员类型包括机构或自然人。其中，对于自然人，北京碳排放权交易市场要求亦最高，不仅要求其金融资产不少于100万元人民币，还对交易人户籍做出了一系列限制。其他碳交易机构（重庆除外，其要求个人金融资产在10万元以上）均对自然人金融资产不做要求。

目前我国碳市场的交易主体基本上是控排企业，展现出的单一性也直接引起了碳排放权交易市场活跃水平低的现象。各省市的试点碳市场无论是有效交易天数占总交易天数的比值，还是各年度成交量占配额总量的比值都处于较低的水平，反映出交易主体单一性所造成的低活跃水平。控排企业只要能达到指定的排放额度要求，实现履约，就会丧失参与交易的积极性，而投资机构和个人投资者极少，难以改变碳市场活跃水平低的局面。对于市场而言，活跃水平不够则难以推动整个碳市场的有效稳定运转，而对于价格而言，低活跃水平也会导致其对个别或极端情况的抵御能力不足，价格及收益率都偏离于有效的市场规律，市场供需关系难以在价格中得到正确的体现。

而作为当前最主要的交易主体，控排企业也存在着很多问题。它们缺乏应对风险的能力，对碳排放权相关的知识储备不足，其碳成本收益意识还需深化。

就交易主体而言，四川碳排放权交易市场应将重点工作放在激发碳市场活跃度及增加交易主体的种类与数量上。四川省碳交易市场应尽量扩大行业范围，让更多的节能减排企业参与其中，并吸引大量的机构投资者与个人投资者。当交易主体增加，无论是交易需求，还是直观上的交易频度和交易总量，均将得到大幅度增加，碳市场的活跃还会促使交易价格更加真实地表现出碳市场的发展动态。同时，还需注意的是政策制度要紧跟上规模不断扩大的碳市场，特别是要加强监管力度，避免因过度投机等不良行为而带来的市场危机。

4.2.2 注重碳排放配额与核证自愿减排量的平衡

碳交易市场的交易对象即交易的各种产品。交易对象中的现货，即以 CERs（Certified Emission Reduction）为代表的碳排放权。除此之外，交易对象还可以是衍生品，将碳排放权视作标的资产，能开发大量的金融产品，碳期货和碳期权就是其中重要的组成部分。碳资产也可以通过证券化实现碳金融化，就是将标的资产 CERs，卖到机构投资者的手中，而机构投资者将创建 CERs 的资产池，对资产池产出的现金流进行转换，从而设计出碳金融相关的证券。

当前我国的碳交易依然还处于成长的初步探索阶段，各地碳市场的交易对象只有碳排放配额与国家核证自愿减排量（CCER）及主管部门规定的其他交易产品，即相关的碳金融工具。

4.2.2.1 碳排放配额

参照《碳排放权交易管理暂行办法》，在国家发改委确定的国家及各省、自治区和直辖市排放配额总量的基础上，省级发改委免费或有偿分配给排放单位一定时期内的碳排放额度，即为"碳排放配额"，也就是该单位在一定时期内可以"合法"排放温室气体的总量，1 单位配额相当于 1 吨二氧化碳当量。排放单位碳排放的实际值通过省级发改委和第三方进行测算和认定后，按照确认结果承担碳排放配额清缴义务。测算的实际值与配额的差值就是企业应向存有多余额度的企业买入的量，而剩余的额度不仅能卖出，还能留存以备未来需要。若企业配额清缴没能达标，将接受处罚，包括公示其违约行为、处以罚款、取消政策福利等。

4.2.2.2 核证自愿减排量

国家核证自愿减排量 CCER（China Certified Emission Reduction），即经国家自愿减排管理机构（国家发改委）签发的减排量。按照《碳排放权交易管理暂行办法》和各试点碳市场的地方政策规定，重点排放单位可以利用国家核证自愿减排量抵消其部分经确认的碳排放量。CCER 是碳排放权交易的有力补充，是具有国家公信力的碳资产，既能用于控排单位碳减排履约，又能用于企业甚至个人的自愿性碳减排。企业甚至个人凭意愿买入或投资碳减排，有助于树立企业的公众形象，推动行业绿色发展，提升整个社会的低碳环保意识。

碳排放配额对应的一系列行为都具有强制性的特点，核证自愿减排量所对应的一系列行为都具有自愿性的特点。根据《温室气体自愿减排交易管理暂行办法》及《温室气体自愿减排项目审定与核证指南》，CCER 的生成主要包括以下环节：

（1）业主按方法学准备项目设计文件（PDD）和申请材料；

（2）委托经备案的第三方审定机构开展项目审定；

（3）国家发改委对通过审查的项目批准备案；

（4）业主按照设计文件开展工作，按办法要求进行监测；

（5）产生减排量后，委托经备案的第三方核证机构开展减排量核证；

（6）国家发改委对通过审查的项目减排量备案签发。

CCER 项目从生成到最后完成减排量备案，至少需花费 8 个月的时间，而就目前已达成最后备案环节的 CCER 项目而言，大多花费了超过 10 个月的时间。

四川碳排放权交易市场的建设应当注重碳排放配额与核证自

愿减排量的平衡。我国的碳排放权交易，已经度过了初始建设阶段，目前正处于不断完善的阶段。在碳排放配额以外，CCER 的运用减轻了企业的履约负担，提高了市场的活跃度。可同时 CCER 也会改变碳排放权交易市场原来的配额供需情况，所以应当限制性设置 CCER 的量，而从欧洲碳排放权交易的历程来分析，CCER 的抵消比例上限最好是 10％。除此之外，四川省地处我国西南，较我国东部的经济发展水平有一定的差距，CCER 的比例应在我国东部碳市场 CCER 的基础上小幅度上调，且具体化与 CCER 抵消相关的时间类型等规定，来减轻控排单位碳履约负担，促进控排单位技术改造，从而避免碳排放权交易市场被 CCER 完全占据，同时丰富自愿减排量的来源，尤其是林业碳汇与节能减排项目。

4.2.3　加强碳金融的建设

随着当前碳交易市场的发展，碳排放权转化成了控排单位所有的资产之一，它是一种有价的金融商品。对新型资产进行管理，关键在于结合外部环境并抓住机会采取恰当的措施，从而提升控排单位的管理效率，节约运营支出以谋求更大的利益。若管理不当，会导致如面临极大的碳资产减值风险，破坏控排单位的社会形象，丧失企业竞争力等一连串的恶性后果。正是基于此前提，在碳市场中加入金融工具，加强碳排放权的管理，能够为碳排放权的保值甚至是增值提供保障，顺应碳排放权交易市场的快速发展，从而创造出在新形势下更好的发展机会。碳金融是一种应对全球气候问题，通过金融工具控制碳排放权运营风险以节能减排的重要机制。当前处于我国碳排放权市场已启动，试点碳市场的初步建设阶段已完成的形势下，各个金融机构都逐步看到了正在兴起的碳排放权交易市场中浮现的大好机会，主动加入这个新兴市场。从碳市场的角度来看，金融机构的加入一定能为碳排放权交易市场带来更多的金融创新。目前，碳金融及其衍生金融工具主要有以下六种。

4.2.3.1 碳配额质押

碳资产质押授信业务即控排单位将拥有的碳排放权抵押给商业银行来取得贷款的业务。银行先确定控排单位所有的碳排放权的数量，然后综合考虑政府政策、碳市场形势、价格变动情况等因素，从而为控排单位设定碳排放权质押额度，提供融资业务。碳配额质押已成了银行绿色信贷业务的基本构成。商业银行的功能之一就是贷款，以促进企业发展。商业银行可以作为资金提供者，促进控排单位节能减排，实现技术升级。碳配额质押这种金融工具可以促进控排单位节能减排，保护大气环境。除此以外，碳配额质押还是减少商业银行不良贷款，控制信贷风险的有效措施。

4.2.3.2 碳债券

碳债券即商业银行针对控排单位的具体实际情况，通过附加碳资产浮动收益生产的非金融企业的金融产品，能够解决控排单位不同时期的融资需要，使碳资产价值得以产出，大大减少控排单位的融资成本。具体而言，它的投资范围一般是与节能减排有关的特别是通过可再生能源可以产生减排量的清洁项目，碳债券的利率受项目等减排量收入的影响，达到了项目和债券这两项投资参与者共享碳减排收益的效果。

4.2.3.3 碳配额回购融资

碳配额回购即金融机构同控排单位制定碳配额回购的融资协定。控排单位将碳排放配额卖出，而在以后的确定的时间点以一个确定的价格回购，通过这种方式，控排单位能够得到短期资金的补充。这种金融方式展现出碳排放配额的商品身份，能够抵御外部环境变化所产生的影响，充分利用市场周期锁定交易成本。控排单位通过这种方式可以在很短的时间内进行融资，满足企业运营的需要。

4.2.3.4　碳配额场外掉期

碳掉期交易是即期对远期的碳交易，具体而言，就是在当事人购入或者出售某种即期碳排放权的同时，出售或买入远期碳排放权。这种交易方式是为了应对碳价的波动性，控制与碳交易相关的财务风险。掉期这种方式，从购买碳排放配额的控排单位的角度出发，能够结合期望和生产经营来确定购买价格，实现了对低碳减排成本的控制，企业的发展也就有了一个较为确定的预期，最后达到了套期保值和管理风险的目的。而从碳排放配额的出售者的角度出发，可以先确定出售价格，从而实现套期保值，控制风险。而从参与掉期的那些机构投资者的角度来看，可以通过多次购入和出售的方式来对冲，既与购买方，也与出售方进行碳配额的交易活动，最后确定利润。

4.2.3.5　碳基金

碳基金的设立者可以是政府和金融机构，也可以是企业甚至是个人，他们以购入碳减排信用额的方式，进行节能减排投资，并得到投资收益。碳基金不同于传统的基金项目，作为低碳发展背景下产生的新的基金，其最大的不同点是标的，它一定要投资于低碳及其有关活动，这一点决定了碳基金绿色和低碳的两大基本性质，且具有低碳减排以及环保的两大职能。从事碳基金投资，可以得到两部分红利：一部分来自投资的项目本身，另一部分来自投资的项目所产生的 CCER 的利润。

4.2.3.6　碳排放权远期/期权合同

碳排放权远期指参与交易者根据约定确定在一定的时间以一定的价格交易一定数量的碳排放权。在碳排放权远期交易的过程中，当控排单位对碳排放权价格持看多的态度时，则预先购入现货远期操作，若碳价能提高，因为已经被已订立的远期合约所限制，碳排放权配额成交价格相对而言比较低，所以控排单位有足够的较低价格的碳配额来应对碳排放履约的需要，甚至能够重新设置一个相对而言比较高的碳价来出售剩余的碳排放权配额，从而获得利润。碳排放权远期以订立合约，确定远期交易碳价的方式，最后实现了控排单位碳排放权管理的优化和灵活化，能大大减轻控排单位的履约负担。

除了上述内容以外，碳金融产品还有碳信托、碳排放权期权合同、CCER 质押等多种多样的形式，它们都能够控制碳排放权管理和使用的相关风险，促进控排单位有效且科学地利用碳排放权作为资产这一身份。碳金融创新重新定义了碳排放权交易市场的范围，拓宽了流入碳市场的资金渠道，带动了多种多样的投资方涌入碳市场，提高了碳市场的活跃度和流动性。但是，对那些有意向将资本投入碳金融相关的全新产品的企业而言，因为我国的碳排放权交易市场正在完善过程中，依然存在很多尚待解决的问题，所以有意向投入资本的企业一定要做好风险管理工作，特别是区分确认碳金融产品的品种、操作规则、目标市场。而从亟须资金的企业的角度来看，也能够凭借碳排放权作为人为赋予的资产的身份将其抵押给商业银行等金融机构，从而获得资金来帮助公司打开局面，实现技术的更新换代，增大企业生产规模。除此以外，还能够凭借碳排放权配额所拥有的商品性，借由多种多样的碳金融手段，达到防范碳排放权价格的不确定性所引起的履约风险的目的。所以若可以完全释放碳金融产品的作用，一定可以让控排单位的碳排放权管理作用于企业的长远发展，并促使产业结构升级，经济转型。正是由于碳金融工具的运用，那些碳排放强度较高的企业的资金紧张问题才得以改善，并促使其继续调整碳排放的强度，同时那些坚持绿色发展的企业得到鼓励支持，充分展现出了金融在社会发展中对经济结构的调整作用。

4.2.4 提升商业银行等金融机构和社会资金的参与度

四川省碳排放权交易市场在碳金融方面应该以提升商业银行等金融机构和社会资金的参与度、搭建气候融资机制为着眼点。碳市场不断发展也就意味着碳金融拥有更加强劲的发展势头，势必会给商业银行，甚至是非银行金融机构和社会资金投入碳金融带来新形势下的大好机会。

4.2.4.1 组建碳金融的组织体系

目前金融机构极少增加碳金融业务，这主要是由商业银行与碳金融相关的组织体系的缺失造成的，商业银行等金融机构需要在这个组织体系之上去深入理解碳金融及碳金融产品，理解碳排放权交易市场和风险控制。因此，在四川碳排放权交易市场建立完善的过程中，应鼓励金融机构构建碳金融的组织体系，不断深化碳排放权相关金融业务的组织体系创新。

4.2.4.2 构建CDM项目融资租赁的担保机制

CDM项目已经成为现在银行等金融机构在碳交易市场上的基本业务之一。正是这样的清洁发展能推动一个更好的大气环境的出现。除此以外，更应该注意到其能够给外资引入和经济又好又快发展带来难得的机遇。这种机制凭借发达国家将资本和先进科技成果带入发展中国家，并以共同运营项目的方式实现了共同利益：对于发达国家而言，该机制能减轻其减排承诺的履行负担；对于发展中国家而言，该机制能促进经济绿色长远发展，改善气候问题。

4.2.4.3　引导商业银行进行碳金融产品的创新

积极推动商业性金融参与生态文明建设。推动战略合作项目在本省落地，争取信贷规模和资源向本省倾斜。发挥资本市场对生态文明建设资金筹措的作用，加强银行信贷资金的支持。积极引导商业银行进行碳金融产品的创新，启动各种碳资产的交易衍生产品的运作。

4.2.4.4　加大政策性金融对碳交易市场的支持力度

依据"绿色金融"，通过制定政策帮助与生态文明建设相关的各种项目，可以借助无息贷款、低息贷款、优先贷款、延长信贷周期这些金融手段，设置生态文明建设投资基金、碳基金，实现担保、保险、基金这些政策性金融对碳排放权交易市场发展所能带来的金融上的鼓励帮助。

4.2.4.5　促进民营资本流入，寻求 PPP 的融资新方式

公私合作伙伴（Public Private Partnership，PPP）已经成为民营资本介入碳排放权交易的新的融资方式。政府部门和民营部门携起手来，一起改善气候环境，从融资角度出发，大力支持民营企业的参与，设置相应的环保基金，这对改变碳排放权交易市场中出现的融资困境有很大帮助。

碳排放权交易市场的平台主要分为两个层次：场内市场与场外市场。四川省碳排放权交易市场的平台发展也可以从这两个方面入手。场内市场一般为气候交易机构与碳排放权交易机构。从场内市场的角度来看，场内交易平台建设的主要目标是鼓励越来

越多的碳排放企业加入碳排放权交易市场，为此其应该发挥经济杠杆作用，比如通过财政补贴和税收优惠在政策上给予支持，或是通过无息、低息减排贷款等金融手段给予支持。碳排放权交易市场参与者规模的不断扩大，势必会成为场内市场发展的助推器。除此之外，不能忽略掉场内交易平台的制度建设基础工作，应使中介服务机构的功能能够得到展现。场外市场一般为碳排放权交易所的卫星市场，它的特点是交易规则简明、交易手续简易方便、交易时间可调整，因此能够鼓励很多条件尚未符合场内市场要求的主体加入其中。并且，在场外市场施行做市商制度是十分有必要的，因为可以使其价格发现的职能得到展现。

现阶段，四川省应当借助我国西部水电、太阳能等清洁能源丰富的强项，引导企业更多地参与 CCER 项目，并对其提供辅导，除了企业以外，要大力鼓励与支持金融、投资、咨询、公益机构以及个人投资者加入四川碳市场中来，运用好碳金融工具，激发企业对碳资产管理的积极性。除了履约需求以外，要激活储备、投资、适度投机等多种需求，促进 CCER 在全域的流动，使之成长为能够在全国发挥引领作用的自愿减排交易市场。

4.3　加强碳排放权交易市场的检查与监管

具体而言，在四川省碳排放权交易市场的检查与监管上，应注重以下五个方面。

4.3.1　增强市场法律效力，构建监管政策体系

通过对现在所有的试点碳排放权交易市场进行比较，凭借人大立法对碳市场运作过程的法律效力提供保障的只有北京和深圳

两地，以政府规章为建立基石的有上海、广东、湖北和重庆四地，而天津仅仅以部门规章为建立基石，产生的法律效力最弱，一定程度上碳市场活跃水平的低下和企业参与积极性的不足与此是分不开的。放眼国际，目前已发展得较为完善的碳市场，比如EUETS（European Union Emissions Trading System）和RGGI（Regional Greenhouse Gas Initiative），都已经拥有专项的法律来确保碳排放权交易市场的法律效力处于较强的水平。所以，在建立和完善四川碳市场的进程中，第一步须坚持立法来构建碳排放权交易市场监管的法律基石，以免发生因立法不及时、法律效力低下而造成的监管效力低下。从具体的监管政策内容来说，虽然所有的试点碳市场都具有地区性，制度也具有不同的特色，但是从整体上看，监管制度都是不全面的，缺少碳泄露、配额拍卖和奖励制度等内容。所以四川碳市场在监管政策内容上须提高对分配制度规划中对碳泄露监管的关注度，对各类行业采取不同的方式；在提高配额拍卖比重的同时，加大对拍卖全部流程的监管力度，抵制暗箱操作。将取得减排成果企业的奖励具体化，并纳入制度，在实施细则中分配好有关部门的具体工作，确保责任明确，从而使奖励制度得以发挥作用。

4.3.2 协调监管权力，设立专职机构

目前全国所有试点碳排放权交易市场都由地方发改委主管，各试点的省市发改委无论是在一级市场的配额分配，还是在二级市场的交易监管，都全程参与，很可能会引发权力现象。所以，四川碳市场在建设和完善的进程中须注意协调监管权力，设立专职监管机构。首先，以国家政策为基石，地方发改委负责规划配额分配、规范核查及奖惩细则的工作，同时以一定的时间为周期，及时将碳排放权交易市场的情况汇报给上一级的主管部门。

其次，设置环保部门和证监会并列的监管部门，专门处理二级市场交易的监管事务。环保部门对监管技术支持平台负责，通过采集的碳排放权交易市场信息，分析市场运作现状；证监会和地方金融部门通过金融市场的一系列政策规定监管碳金融衍生品市场。最后，在履约保障与项目审批两大部门的基础上进行信用管理，搭建信用信息系统，把出现未履约以及其他违反规定情形的单位及核查机构的信息录入此系统，通过该系统将违约信息的传送形式进行统一，同时通过社会媒体等渠道进行公开，确保信用管理能够取得成效。

4.3.3　强化事中核查，完善电子平台

现在所有的试点碳市场将关注点都放在了事前的预防阶段以及事后的核查与惩罚阶段，而缺少对碳排放权交易的事中的风险把控，对事中核查的欠缺在很大程度上是由各试点不完善的操作系统导致的。所以四川碳排放权市场力求构建一个注册登记平台系统，就像 EU ETS，能随时跟踪二级市场交易进程，对可能的风险进行控制，同时提高执法机构处罚风险源头的强度。除此之外，四川碳排放权交易市场需完善电子平台，加强安全性，以避免系统崩溃以及被蓄意攻击的情况出现，同时应形成紧急情况处理系统，若发生突发状况，监管机构能通过应急响应及时处理。

4.3.4　加强主动管理，提高参与度

控排单位对配额应当采取主动管理措施，深化对配额交易的认识，针对从业人员开展专门的培训课程。监管部门需就违约单位明确具体的惩罚举措，减少碳交易被履约驱动情况的发生，减弱在履约日前碳排放权交易量激增的程度，避免价格剧烈波动，

以促进各控排单位在非履约期参与配额交易，提高碳市场活跃水平，从而保障碳市场的有效运行和长期发展。

4.3.5 增强信息披露力度，促进外部力量加入，构建外部监督机制

现在的试点碳市场在有关信息方面的披露力度有待加强，就交易机构而言，披露内容局限于交易价格和交易量；就地方发改委而言，披露内容局限于履约比率和违约企业，披露信息中未显示履约单位和违约单位具体的奖惩状况以及碳排放权交易市场自运行以来的节能减排数据等内容。所以四川碳排放权交易市场在建设和完善的进程中应构建明确的信息披露机制，促进一个公开透明的碳市场的形成，加大鼓励力度，构建外部监督机制，通过舆论形成有效的监督，从而促进全社会公众、协会、媒体等共同参与到监督活动中来。

4.4 梳理碳价机制

四川省碳排放权交易市场需梳理碳价机制，借助一系列的协同手段来推动四川碳市场的长远稳定发展。第一，需促成碳价机制与碳市场之间的合作，使引导作用得到充分发挥。引导碳价机制中的"行业减排"发展；促进与区域碳市场的交流与联合；深化对以后新趋势下的碳价和管理机制的研究。第二，控排企业应跟随全世界绿色发展以及碳价机制的发展趋势，利用当前我国碳排放权市场发展的大好机会，塑造突出的低碳竞争优势。全球低碳化会带动社会发展方式的转变，重塑全球经济与技术的竞争局面；全球绿色金融的趋势，会推动产业朝低碳化转变，促使企业

不断进行技术的更新换代。G20就大力提倡绿色金融的发展，同时国家财税政策和金融政策都以绿色低碳作为指导方针，高碳行业和高碳企业难以避免融资困境。同时，这也是企业进行低碳转型可以利用的宝贵机会，借助碳市场的发展，控排企业应主动开展低碳转型的工作，形成低碳竞争优势。

当前，全国碳交易体系也已经正式启动，在此背景下，四川省碳排放权交易市场需深入完善碳排放权的交易制度体系，控排单位须进一步提升碳排放数据监测能力，各有关机构应加强对碳排放权的交易以及碳资产管理人才的培养，全社会要时刻谨记建立碳排放权交易市场的最终目标是实现温室气体的减排控排。尽管四川省要建立一个成熟的碳排放权交易市场仍旧有很长的路要走，可是基于对已有的试点碳市场的经验借鉴以及对自身已有经验的分析总结，四川碳排放权交易市场将会取得更多进展，并不断得到完善，力求建成西部碳交易中心，成为发掘我国西部碳资产以及生态资产的基地。在全国统一交易机制发展的势头下，四川碳排放权交易市场将顺应我国碳排放权交易市场金融化、国际化、统一化的三大趋势，为我国的绿色低碳发展助力。

5 四川省重点企业温室气体排放报告制度建设问题

随着气候变化问题越来越受到重视，控制减少温室气体排放量已成为一个全球共识。对温室气体排放量进行统计、监测有助于全面、准确地掌握温室气体排放情况。2014 年 1 月 13 日，国家发改委发布了《关于组织开展重点企（事）业单位温室气体排放报告工作的通知》，对实行重点企（事）业单位温室气体排放报送制度的目的、指导原则、报告主体、报告内容、报告程序以及保障措施进行了阐述。其中报告内容为整个报告的主体部分。通知指出，纳入报告名单的重点企（事）业单位根据自身实际排放情况，报告二氧化碳（CO_2）、甲烷（CH_4）、氧化亚氮（N_2O）、氢氟碳化物（HFCs）、全氟碳化物（PFCs）、六氟化硫（SF_6）6 种温室气体的排放情况。具体报告内容包括主体基本情况、温室气体排放情况以及其他相关的情况。

随着国家发改委《关于组织开展重点企（事）业单位温室气体排放报告工作的通知》的发布，各地也相应地响应国家的号召，建立了地方重点企业温室气体排放报告制度。目前国家和地方主管部门正在共同参与、协同推进重点单位温室气体排放报告工作。国家负责总体协调和顶层设计，明确要求和有关规范，汇总全国各地重点企业温室气体排放数据，并保存、分析相关数据，最后做出相应的决策；地方负责具体落实，组织本地重点排放单位发布排放数据报告，以及对报告的评估核查、汇总、上报。纳入的企业则每年根据国家核算标准或行业核算与报告指南，编制温室气体排放报告，并按照属地原则提交主管部门。

5.1　七大试点地区重点排放单位温室气体排放报告内容

从各试点地区发布的文件来看，重点单位的界定范围也有所不同，如表5−1所示。

表5−1　试点地区重点排放单位界定范围及数量

地区	界定范围
北京市	≥2000吨标煤或者≥5000吨二氧化碳排放当量
上海市	≥5000吨标煤或者≥1.3万吨二氧化碳排放当量
天津市	≥1万吨标煤或者≥2.6万吨二氧化碳排放当量
深圳市	≥3000吨二氧化碳排放当量
重庆市	≥1万吨标煤或者≥2.6万吨二氧化碳排放当量
湖北省	≥1万吨标煤或者≥2.6万吨二氧化碳排放当量
广东省	≥5000吨标煤或者≥1.3万吨二氧化碳排放当量
四川省	≥1万吨标煤或者≥2.4万吨二氧化碳排放当量

5.1.1　北京市企业二氧化碳排放报告

北京市生态环境局于2019年3月14日发布了《北京市企业（单位）二氧化碳排放核算和报告指南（2018版）》，规定重点排放单位主要提交重点排放单位的历史排放报告和重点排放单位的年度排放报告，而一般排放单位应该提交一般排放单位的年度排放报告。

5.1.1.1　重点排放单位年度排放报告

重点排放单位年度排放报告内容包括基本信息、二氧化碳排放（直接排放、间接排放）、核算结果、不确定性分析、监测计划、二氧化碳控制措施、附录、真实性说明、核查机构意见。

5.1.1.2　重点排放单位历史排放报告

重点排放单位历史排放报告内容包括基本信息、二氧化碳排放（直接排放、间接排放）、核算结果、不确定性分析、附录、真实性说明、核查机构意见。

5.1.1.3　一般排放单位年度排放报告

一般排放单位年度排放报告内容包括基本信息、二氧化碳排放（直接排放、间接排放）、核算结果、不确定性分析、附录、真实性说明。

5.1.2　上海市温室气体排放报告

上海市发改委发布了《上海市温室气体排放核算与报告指南（试行）》，规定年度排放报告应包括下列信息：

（1）排放主体的基本信息，如排放主体名称、报告年度、组织机构代码、法定代表人、注册地址、经营地址、通信地址和联系人等；

（2）排放主体的排放边界；

（3）排放主体与温室气体排放相关的工艺流程（如有）；

（4）监测情况说明，包括监测计划的制定与更改情况、实际监测与监测计划的一致性、温室气体排放类型和核算方法选择等；

（5）温室气体排放核算；

（6）不确定性产生的原因及降低不确定性的方法说明；

（7）其他应说明的情况（如 CO_2 清除等）；

（8）真实性声明。

5.1.3 天津市企业碳排放报告

天津市发改委发布了《天津市企业碳排放报告编制指南（试行)》，规定企业碳排放报告应分为正文和附件两部分，其中报告正文包括 5 部分内容（企业碳排放报告模板见附件中各分行业碳排放核算指南）。

5.1.3.1 企业概况

明确企业名称、成立时间、法人性质、组织机构设置、分公司情况、经营范围、产品方案、工业总产值及增加值等企业基本情况以及生产工艺、能源消费情况、企业概况与上一年的变化情况等信息。

5.1.3.2 排放单元与排放源识别

为进一步明确企业碳排放量报告范围，进行了排放单元与排放源的识别。碳排放分类：直接排放包括化石燃料燃烧和工业生产过程产生的碳排放；产生直接排放的生产设备或过程为直接排放源，包括固定源、移动源和工业生产过程；间接排放包括企业外购电力和外购热力产生的碳排放。

5.1.3.3 排放量核算

企业可按照下列步骤核算碳排放量：选择核算指南，确定计算公式，收集数据，计算与汇总排放量。

5.1.3.4　监测计划执行情况

企业应制订一套配合碳排放量核算的监测计划，在每个报告期前提交至行政主管部门。报告期内，企业按照监测计划内容，实施相关数据的监测工作，并在报告中写明监测计划执行情况，包括各数据项的监测方案执行情况以及监测计划需要进一步修改和完善的内容。

5.1.3.5　企业碳排放信息表

企业碳排放信息表简要地概括了企业碳排放报告的重点信息，包括企业基本情况、报告范围、产品方案和碳排放量汇总。企业碳排放信息表模板见各分行业碳排放核算指南。

5.1.3.6　附件

报告附件应包括营业执照副本（复印件）、组织机构代码证副本（复印件）、工业企业能源购进、消费及库存附表、总公司和各分公司的地理位置图和总平面图、企业碳排放监测计划等。其他相关资料如监测报告、能源审计报告等，企业可根据具体情况提交。

5.1.4　深圳市企业温室气体排放报告

深圳市市场和质量监督管理委员会发布了《组织的温室气体排放量化和报告指南》，规定温室气体排放报告内容应包括：

（1）责任人；

（2）报告所覆盖的时间段；

（3）所选择的基准年的温室气体清单（组织边界、运行边界等）；

（4）对基准年或其他温室气体数据的任何变更或重新计算做出解释；

（5）对组织边界和运行边界的描述；

（6）阐明量化方法的选择，或指明有关的参考资料；

（7）对先前使用的量化方法中的任何变化做出解释；

（8）所采用的温室气体排放因子的文件或参考资料；

（9）对任何温室气体源的排除做出解释；

（10）对源自生物质或生物质燃料燃烧的排放进行识别；

（11）温室气体排放以吨二氧化碳当量为单位进行量化。

5.1.5　重庆市工业企业碳排放报告

重庆市发改委发布了《重庆市工业企业碳排放核算和报告指南（试行）》，规定重庆市碳排放报告包括但不限于以下内容：

（1）报告概况；

（2）企业简介，应包括企业基本情况、主要产品列表、核算边界；

（3）排放量量化应包括直接排放、间接排放、特殊排放、排放量汇总，其中直接排放里面应包含固体/移动排放源、工业/生产过程排放源；

（4）不确定性分析。

5.1.6　湖北省企业碳排放报告

湖北省发改委发布了《湖北省工业企业温室气体排放监测、量化和报告指南（试行）》，规定碳排放报告至少应包括以下信息：

（1）企业信息；

（2）监测计划的批准情况与监测计划的符合性；

（3）对所有排放源、选定的量化方法和选定的参数来源进行描述，包括活动水平数据、排放因子、热值以及氧化/转换因子的来源。

（4）核算清单及结果；

（5）设备的检定或校准是否符合国家和湖北省的相关要求，并对报告期内所有与碳排放报告相关设备的变更进行说明。

5.1.7 广东省企业二氧化碳排放报告

广东省发改委发布了《广东省企业碳排放核算和报告指南（试行）》，规定广东省碳排放报告包括但不限于以下内容：

（1）企业（单位）基本信息；

（2）二氧化碳排放负责人与联系人信息；

（3）企业（单位）组织边界信息；

（4）企业（单位）二氧化碳排放概况；

（5）二氧化碳排放报告范围信息；

（6）燃烧直接排放相关信息，包括报告的活动、层级、燃料种类、使用量、低位发热量、含碳量等信息，以确定各燃料二氧化碳排放因子以及相应燃料种类的二氧化碳排放量；

（7）工业过程直接排放相关信息，包括报告的活动、层级、物料种类、使用量、相关成分分析等，以确定各物料的二氧化碳排放因子以及相应工艺过程生产的二氧化碳排放量；

（8）间接排放相关信息，如企业（单位）外购电力、热力的使用量；

（9）使用物料平衡法计算二氧化碳排放量时，应报告企业（单位）整体、二氧化碳排放单元涉及的能源和物料的输出值、输入值、库存变化量和相应能源、物料的含碳信息；

（10）其他需报送的信息，如企业（单位）在报告期内所采取的节能减碳措施、生产情况说明、数据的汇总流程、企业（单位）在报告期内组织边界、报告范围的变更说明、特殊排放等；

（11）填入的数据需要列出证据类型、保存部门，当存在不确定性时，应当备注说明。

综上所述，七大试点地区碳排放报告内容对比情况如表5－2所示。

表5－2　七大试点地区碳排放报告内容的简单汇总表

	报告内容	备注
北京市	重点单位：年度报告和历史排放报告。年度报告：报告主体基本信息、二氧化碳排放（直接排放、间接排放）、核算结果、不确定性分析、监测计划、二氧化碳控制措施、附录、真实性说明、核查机构意见。历史排放报告：报告主体基本信息、二氧化碳排放（直接排放、间接排放）、核算结果、不确定性分析、附录、真实性说明、核查机构意见。一般单位：报告主体基本信息、二氧化碳排放（直接排放、间接排放）、核算结果、不确定性分析、附录、真实性说明	区分了7个行业，分开编制，仅量化和报告二氧化碳排放情况
天津市	企业概况、排放单元与排放源识别（碳排放分类：直接排放、间接排放、识别方法）、排放量核算（核算流程、选择核算指南、确定计算公式、收集数据、核算与汇总排放量、其他应说明的情况）、监测计划执行情况、企业碳排放信息表、附件	核算与报告指南编制没有区分行业，仅量化和报告二氧化碳
重庆市	报告概况、企业简介（企业基本情况、主要产品列表、核算边界）、排放量量化（直接排放、间接排放、特殊排放、排放量汇总）、不确定性分析	核算与报告指南编制没有区分行业，量化和报告6种温室气体

	报告内容	备注
深圳市	组织概况（企业基本信息、组织架构及平面示意图、温室气体管理小组架构及职责）、基准年（基准年的选定、基准年的排放情况、基准年的重新计算）、组织边界及运行边界（组织边界、运行边界）、温室气体计算说明（量化方法及排放因子说明、数据质量管理、排放源的排除说明、量化方法变更说明、关于源自生物质或生物质燃料燃烧产生的二氧化碳排放）、温室气体排放量、其他说明	核算与报告指南编制没有区分行业，仅量化和报告二氧化碳
上海市	重点单位：能源状况利用报告、温室气体排放报告。能源利用状况报告：主要包括单位基本情况、能耗总量控制和节能目标完成情况、年度能源消费情况、重点用能设备信息、节能改造项目以及能源管理制度文件等内容。温室气体排放报告：排放主体基本信息（排放主体主要生产情况、基本排放情况说明、温室气体排放相关工艺流程介绍）、监测实施情况说明、温室气体排放核算（直接排放、间接排放）、温室气体排放总量、不确定性说明、附件、真实性说明	核算与报告指南编制没有区分行业，仅量化和报告二氧化碳排放
广东省	企业基本信息、二氧化碳排放负责人与联系人、报告年份、企业组织边界信息、二氧化碳排放概况（直接排放、间接排放、排放总量）二氧化碳排放单元及二氧化碳排放重点设备识别、二氧化碳排放报告范围、燃烧燃料直接排放、工业过程直接排放、外购电力间接排放、外购外输蒸汽、其他需要报送信息（节能减排措施、生产情况说明、数据汇总的流程、组织边界报告范围的变更、真实性负责声明）	区分6个行业，分开编制，仅量化和报告二氧化碳
湖北省	一般性说明（企业基本信息、文件版本号、企业排放情况说明、排放设施/活动清单）、监测系统的描述（监测计划的偏离或信息更新、事先确定参数、监测参数）、排放量计算（能源直接排放、工艺过程排放、能源间接排放、生物质的使用）、其他说明	区分12个行业，统一格式，量化和报告二氧化碳

从以上对比可以看出，七大试点地区碳排放报告的共同点和区别主要体现在几个方面：

共同点：排放报告都包括企业基本信息、温室气体排放量、计算方法以及其他相关的说明。

区别：

（1）重点排放单位和一般排放单位提交的报告的区别在于重点排放单位增加了核查机构意见和温室气体排放控制措施；

（2）北京市重点排放单位要求提交历史排放报告和年度排放报告；

（3）天津市、重庆市、深圳市、上海市编制的核算与报告指南、报告模板都是统一编制，没有区分行业；北京市、广东省、湖北省则是分行业编制和报告。

为保障重点排放单位排放报告的数据质量，国家生态环境部要求各地区主管部门组织专家对企业提交的排放报告、核查报告和监测计划审核报告进行评审，并根据实际情况，按照"查抽分离"原则组织抽查复核工作，于5月31日前将复核确定后的汇总数据以及每个单位的核查报告、排放报告、补充数据表、经审核的监测计划报送至国家生态环境部。

七大试点地区重点企业温室气体排放报告初次提交截止日期如表5-3所示。

表5-3 七大试点地区重点企业温室气体排放报告提交时间

地区	时间
北京市	3月31日
上海市	4月15日
天津市	4月15日
深圳市	3月31日
重庆市	3月30日

地区	时间
湖北省	3 月 31 日
广东省	3 月 15 日

5.2 四川省温室气体排放报告制度建设

温室气体排放报告制度是指企（事）业单位按照主管部门的相关规范要求，对一段时期内的温室气体排放活动数据进行监测、核算及提交报告，并由主管部门组织实施报告检查的整个过程。通过走访调研四川联合环境交易所得知，目前四川省对重点排放单位的界定范围为消耗标准煤大于等于 1 万吨或者二氧化碳排放当量大于等于 2.4 万吨的企业。

中国标准化研究院对工业企业的温室气体排放报告制度进行了一定的研究，所编写的报告书对制度的实施细则进行了系列的阐述，具体包括总则，温室气体的量化、监测与报告，数据质量管理与保证，温室气体报告的核查验证以及温室气体报告实施的罚则五大部分。

从江苏省、福建省已经发布的《重点单位温室气体排放报告暂行管理办法》和甘肃省等地区发布的关于建立重点企（事）业单位温室气体排放报告报送制度的通知来看，关于重点企（事）业单位温室气体排放报告的管理大致都包含适用主体、核算对象、报告内容、核算方法、监测计划、报告提交的相关内容以及组织第三方核查的相关事项。

虽然有的地方已经建立起了重点企业温室气体排放报告制度，如连云港市。但是就目前而言，各省市自治区重点企业温室气体排放报告制度都在紧锣密鼓的建立中，虽然各省市自治区因地制宜，建立的制度存在一定的差异，但是都应该围绕国家颁布的法律法规而行，最核心的监测、核算、报告、核查几大部分都应该包括在其中。重点企业温室气体排放报告制度的建立，将利于企业有效掌握温室气体排放的基本情况，为开展碳排放权交易、有效控制温室气体排放奠定基础。

5.2.1　四川省企（事）业单位温室气体排放信息披露情况

为贯彻落实《四川省控制温室气体排放工作方案》关于推动建立企业温室气体排放信息披露制度的要求，提高企（事）业单位碳排放和碳资产管理意识，促进绿色低碳发展，四川省发改委要求省内国有企业、上市公司、纳入全国碳排放权交易市场的重点排放单位按年度面向社会公众公开披露温室气体排放信息，同时鼓励其他企业、公共机构等单位自愿披露相关信息，并对相关的工作进行了部署和安排［具体详情请见"附录3　四川省企（事）业单位温室气体排放信息披露工作"］。

四川省企（事）业单位温室气体排放信息披露报备表如表5—4所示。

表5—4　四川省企（事）业单位温室气体排放信息披露报备表

单位名称（盖章）		统一社会信用代码	
单位性质		所属行业	
单位地址			
报备人		联系电话	
核算年度		披露时间	
披露类型	□按省发改委要求披露		□自愿披露

单位名称（盖章）		统一社会信用代码	
披露内容	□温室气体排放数据 □采取的减排增汇行动措施 □取得的减排成效 □低碳技术运用情况 □碳资产开发情况 □参与碳排放权交易情况 □其他（　　　　　　　　　　　）		
披露方式	□企（事）业单位网站　　□市（州）发改委网站 □报纸　　□其他		
披露平台名称			
披露文件形式	□独立报告　　□环境报告　　□社会责任报告 □其他（　　　　　　）		
披露文件名称			
披露文件链接			

2018年，中国石油四川石化有限责任公司、四川兰丰水泥有限公司、四川亚东水泥有限公司、国网四川省电力公司、四川航空股份有限公司等29家符合披露条件的企业率先披露了2017年度温室气体排放信息。广元海螺水泥有限责任公司、四川省星船城水泥股份有限公司、成渝钒钛科技有限公司、四川白马循环流化床示范电站有限责任公司、国电达州发电有限公司共5家企业未按要求予以展披露。

从披露的整体情况来看，开展披露的企业中，29家披露温室气体排放数据，16家披露减排增汇行动和措施，5家披露碳减排成效，2家披露低碳技术运用情况。从披露途径来看，19家企业通过公司（母公司）网站或微信公众号披露，8家通过政府或政府部门网站披露，2家通过其他便于公众获取的途径披露。其具体情况如表5—5所示。

表5-5 四川省企（事）业单位 2017 年度温室气体排放信息披露情况

序号	名称	统一社会信用代码	行业	地区	披露内容	披露载体	披露途径
1	中国石油四川石化有限责任公司	915101826 63041209P	石化	成都市	排放数据	温室气体排放报告	公司官网
2	四川兰丰水泥有限公司	915101826 79672443R	建材	成都市	排放数据 减排措施	温室气体排放信息披露书	母公司官网
3	四川亚东水泥有限公司	915101007 6537555XN	建材	成都市	排放数据 减排措施	温室气体排放信息披露书	母公司官网
4	国网四川省电力公司	915100006 21601108W	电网	成都市	排放数据 减排措施 减排成效	动态新闻（附排放报告）	公司官网
5	四川航空股份有限公司	915100007 42262413G	航空	成都市	排放数据 减排措施	温室气体排放信息披露书	公司官网
6	都江堰拉法基水泥有限公司	915101817 10920477L	建材	成都市	排放数据 减排措施	温室气体排放信息披露书	企业微信
7	国电成都金堂发电有限公司	915101217 826600107	电力	成都市	排放数据	温室气体排放报告	县级政府网站
8	攀钢集团有限公司	915104002 043513393	钢铁	攀枝花市	排放数据 减排措施	温室气体排放信息披露书	公司官网
9	四川泸天化股份有限公司	915105007 11880825C	化工	泸州市	排放数据	温室气体排放报告	公司官网
10	泸州赛德水泥有限公司	915105006 73524140B	建材	泸州市	排放数据	温室气体排放报告	市发改委网站

序号	名称	统一社会信用代码	行业	地区	披露内容	披露载体	披露途径
11	四川泸州川南发电有限责任公司	91510511767285734Q	电力	泸州市	排放数据	温室气体排放报告	公司官网
12	四川天华股份有限公司	91510500204912335K	化工	泸州市	排放数据	温室气体排放报告	公司官网
13	四川利森建材集团有限公司	91510600784745552X	建材	德阳市	排放数据	温室气体排放报告	公司官网
14	江油红狮水泥有限公司	9151078168041728XE	建材	绵阳市	排放数据	温室气体排放信息披露书	市发改委网站
15	广元海螺水泥有限责任公司	915108126757945745	建材	广元市	未披露		
16	四川省星船城水泥股份有限公司	915110007469111000	建材	内江市	未披露		
17	成渝钒钛科技有限公司	915110007274474000	钢铁	内江市	未披露		
18	四川白马循环流化床示范电站有限责任公司	9151000714425908R	电力	内江市	未披露		
19	四川峨眉山佛光水泥有限公司	91511181207461920C	建材	乐山市	排放数据减排措施	温室气体排放信息披露书	市发改委网站
20	四川峨胜水泥集团股份有限公司	91511100207451765J	建材	乐山市	排放数据减排措施减排成效低碳技术运用	动态新闻	公司官网

序号	名称	统一社会信用代码	行业	地区	披露内容	披露载体	披露途径
21	四川双马宜宾水泥制造有限公司	915115267446802641	建材	宜宾市	排放数据 减排措施 减排成效	温室气体排放信息披露书	母公司官网
22	宜宾瑞兴实业有限公司	9151152867 5763882M	建材	宜宾市	排放数据 减排措施	温室气体排放信息披露书	市发改委网站
23	长宁红狮水泥有限公司	915115246879113958	建材	宜宾市	排放数据 减排措施	温室气体排放信息披露书	市发改委网站
24	四川华电珙县发电有限公司	915115266 92261067Y	电力	宜宾市	排放数据	温室气体排放报告	其他网站
25	四川中电福溪电力开发有限公司	915100006 69591631K	电力	宜宾市	排放数据 减排措施	温室气体排放信息披露书	市发改委网站
26	邻水红狮水泥有限公司	915116236 73540976W	建材	广安市	排放数据 减排措施	温室气体排放信息披露书	市发改委网站
27	四川广安发电有限责任公司	915116032 89562433U	电力	广安市	排放数据	温室气体排放报告	其他网站
28	达州海螺水泥有限责任公司	915117246 75778849K	建材	达州市	排放数据	温室气体排放报告	母公司官网
29	四川省达州钢铁集团有限责任公司	915117002 102534601	钢铁	达州市	排放数据 减排措施 减排成效	温室气体排放信息披露报告	公司官网
30	国电达州发电有限公司	915117027 93987465F	电力	达州市	未披露		

序号	名称	统一社会信用代码	行业	地区	披露内容	披露载体	披露途径
31	巴中海螺水泥有限责任公司	9151192259 2773639N	建材	巴中市	排放数据减排措施	温室气体排放信息披露书	母公司官网
32	四川金象赛瑞化工股份有限公司	9151140074 9620236R	化工	眉山市	排放数据	温室气体排放报告	公司官网
33	阿坝铝厂	9151320021 13511000	有色金属	阿坝州	排放数据减排措施减排成效低碳技术运用	动态新闻	母公司官网
34	攀钢集团西昌钢钒有限公司	91513401MA 62H9WN95	钢铁	凉山州	排放数据	温室气体排放信息披露书	公司官网

5.2.2　四川省重点企业温室气体排放报告构成内容建议

5.2.2.1　重点企业温室气体排放报告范围

"报告范围"主要用于确定报告制度所面向的对象。这里的对象是指四川省温室气体排放重点单位。重点企业的界定在国家发改委发布的各项条例通知中没有明确说明，从7个试点省市颁布的文件来看，各个试点地区对重点企业排放量的要求都不相同，四川省可以结合本省发展的具体情况，对重点排放企业的排放量提出一个具体的量化要求。通过走访调研四川联合环境交易所得知，目前四川省对重点排放单位的界定范围为消耗标煤大于等于1万吨或者二氧化碳排放当量大于等于2.4万吨的企业。

5.2.2.2 重点企业温室气体排放报告内容

"报告内容"要明确报告方所提交报告的主要内容、报送方式及相关的具体要求。通过研读国家发改委发布的 24 个行业温室气体排放核算与报告指南得知,指南对温室气体排放主体的报告内容有一个基础性的要求,即必须包括企业基本情况、温室气体排放、活动水平数据及来源说明、排放因子数据及来源说明这几大部分,并且要求企业提供的信息真实可靠,否则企业将承担相应的法律责任。

5.2.2.3 重点企业温室气体排放测评方法

"测评方法"主要描述对温室气体的监测方法以及计算方法。设计监测温室气体的设备、设施、监测方法以及计算过程中的计算方法,计算方法应参考国家发改委发布的 24 个行业的温室气体核算与报告指南里面的内容。

5.2.2.4 重点企业温室气体排放报告频率

"报告频率"是指报告对象采用一定的测评方法提交温室气体排放报告的时间间隔。一般是以年度为单位。

5.2.2.5 重点企业温室气体排放上报渠道

"上报渠道"涉及管理成本、管理方式及后续的监督检查方式。

5.2.2.6 重点企业温室气体排放监督检查方式

"监督检查方式"是为所提交的温室气体排放报告提供质量评估与进行质量控制的重要环节,主要描述对温室气体排放报告采取的监督检查方式,主要包括内外部监督以及第三方核查机构核查。

制度的详情见"附录 4　四川省重点企业温室气体排放报告制度实施细则"。

5.3　四川省温室气体排放核算报告系统建设

2009 年 11 月，碳强度下降目标作为约束性指标纳入国民经济和社会发展中长期规划，相应的统计、监测、考核办法被制定；2011 年 3 月，我国《"十二五"规划纲要》明确要求"建立温室气体排放统计核算制度，加强应对气候变化统计工作"；2012 年 1 月，《"十二五"控制温室气体排放工作方案》要求"构建国家、地方、企业三级温室气体排放基础统计和核算工作体系，实行重点企业直接报送能源和温室气体排放数据制度"；2016 年 10 月，《"十三五"控制温室气体排放工作方案》强调"加强温室气体排放统计与核算，完善应对气候变化统计指标体系和温室气体排放统计制度；完善重点行业企业温室气体排放核算指南。定期编制国家和省级温室气体排放清单，实行重点企（事）业单位温室气体排放数据报告制度，建立温室气体排放数据信息系统"。政府对建立国家温室气体排放统计核算系统的重视程度由此可见。

5.3.1　中国温室气体排放核算的整体进程

中国企业层面的温室气体量化工作始于 2007 年 6 月公布的《中国应对气候变化国家方案》。方案中对编制国家信息通报提出了若干需求，包括确定主要排放因子所需的测试数据、加强国家温室气体数据库的建设等。中国逐渐开展企业层面的温室气体核算工作，水泥生产行业是国内首个发布温室气体排放量计算方法的行业，随后钢铁生产企业、石油化工生产企业都陆续启动并发布了行业温室气体排放量计算方法。国家发改委于 2011 年 10 月 29 日印发了《关于开展碳排放权交易试点工作的通知》，同年 12 月 1 日国务院印发了《"十二五"控制温室气体排放工作方案》，印发的两个文件中都明确要求建立温室气体排放统计核算体系、探索建立碳排放权交易市场。为支持碳排放权交易试点工作，国家发改委于 2013 年发布了发电、钢铁、化工等 10 个行业的温室气体核算办法和报告指南，2014 年增加了石油和天然气、石油化工、独立焦化和煤炭生产 4 个行业的核算办法和报告指南，各省市也在积极探索适合试点省市的行业温室气体量化指南。

5.3.2　24 个行业温室气体排放核算与报告试行指南

根据国家控制温室气体排放工作的相关要求，国家发改委委托北京中创碳投科技有限公司专家编制了电网、发电、民航、电子设备制造、机械设备制造、食品（烟草、酒、饮料、精制茶）生产共 6 个行业的温室气体排放核算与报告试行指南，委托清华大学能源环境经济研究所专家编制了电解铝生产、镁冶炼、平板玻璃生产、水泥生产、公共建筑运营、其他有色金属冶炼和压延加工业、造纸和纸制品生产共 7 个行业的温室气体排放核算与报告试行指南，委托国家应对气候变化战略研究和国际合作中心专家编制了钢铁生产、化工生产、陶瓷生产、氟化工、矿山、陆上交通运输、独立焦化、煤炭生产、石油化工、石油天然气生产、工业其他行业共 11 个行业的温室气体排放核算与报告试行指南（见表 5-6）。

表 5-6 企业温室气体排放核算方法与报告指南

发布时间及数量	涉及行业
2013 年 10 月，10 个行业	发电、电网、钢铁生产、化工生产、电解铝生产、镁冶炼生产、平板玻璃生产、水泥生产、陶瓷生产、民用航空
2014 年底，4 个行业	石油天然气生产、石油化工、煤炭生产、独立焦化企业
2015 年 7 月，10 个行业	机械设备制造、电子设备制造、其他有色金属、食品（烟草、酒、饮料、精制茶）生产、造纸及纸制品生产、矿山、氟化工、陆上交通运输、公共建筑运营、工业其他行业

在编制过程中，编制组借鉴了国内外有关企业的温室气体核算报告研究成果和实践经验，参考了国家发改委办公厅印发的《省级温室气体清单编制指南（试行）》，经过实地调研、深入研究和案例试算，编制完成了相关企业的温室气体排放与核算试行指南。

通过研读 24 个行业的温室气体排放核算与报告指南发现，各类指南都明确了其适用范围、引用文件和参考文献、术语和定义、核算边界、核算方法、质量保证和文件存档要求以及报告内容和格式，并在指南的附件中规范了报告的内容和格式。

陈亮等（2015）指出，在企业温室气体核算量化指南编制过程中，确定正确的核算边界、合适的核算排放范围和选择准确的核算数据（活动水平数据和排放因子数据）是企业温室气体量化指南编制过程中最为关键的几项环节，同时也是中国企业在实际操作中最为关心的几项内容。参考国家发改委发布的核算指南，对以下 4 个环节进行分析。

5.3.2.1 确定核算边界

中国企业数量多且类型复杂多样、规模差异也比较大，确定一个既能符合核算要求又能合理反映企业情况的通用核算边界成为制定企业核算标准时面临的一个难题。一般可以将企业或设施作为核算边界，并且国家发改委发布的 24 个行业温室气体量化指南都是以企业为核算边界，以法人为核算单位，因为现实中存在同一法人分处两地工厂的情况。但是，陈亮等（2015）认为该方法也存在缺陷，即对于那些拥有多种设施的企业而言，以企业为核算边界，则难以获得设施层面的数据，因此企业很难根据核算结果对产品或工艺的对标进行对标管理，进而影响到核算结果的可比性。此外，他们也认为以设施为核算边界对企业计量和数据的要求较高，当前中国很多企业以设施为基础、分类的计量器具配备程度尚不足以支撑这些数据的获取，因此在排放核算时会面临实际困难。

5.3.2.2 确定核算范围

确定核算范围分为两方面：一是要确定温室气体种类，纳入企业温室气体核算标准的温室气体种类原则上应该尽可能地涵盖企业所有温室气体种类，但某些类别的温室气体在企业温室气体排放总量中占比极小，全部核算会大幅增加企业的核算成本，不利于量化指南的推广，因此可以不用纳入核算范围。国家发改委发布的指南目前仅考虑了二氧化碳（CO_2）、甲烷（CH_4）、氧化亚氮（N_2O）、六氟化硫（SF_6）这 4 种温室气体。其中，甲烷在石油天然气生产企业和煤炭生产企业被考虑，六氟化硫在电网企业被考虑，氧化亚氮在化工企业被考虑，该核算范围较好地考虑了所覆盖行业的关键温室气体排放源。二是确定外购电力和热力消费引起的间接排放是否纳入企业温室气体排放核算中，该问题目前存在一定的争议。国家发改委发布的指南都考虑了外购电力和热力消费引起的间接排放。在实际应用中，企业用户在上报企业温室气体排放报告时，应注意将外购电力和热力消费引起的间接排放单独报告，以区别于直接排放，这样可以避免在计算全国或者区域企业的碳排放总量时出现重复计算的问题。

5.3.2.3 获取活动水平数据

活动水平是指导致温室气体排放的生产或消费活动的活动量，例如每种化石燃料的消耗量、原铝产量、净购入的电量、净购入的热量等。活动水平数据的收集和获取是中国在制定企业核算指南时必须考虑的一个关键性问题。国家发改委发布的指南对活动水平数据获取的方法并无特别的要求，企业能源消费台账、统计报表或结算发票均可以作为活动水平的凭证。

5.3.2.4 获取排放因子

排放因子是量化每单位活动水平的温室气体排放量的系数，其通常基于抽样测量或统计分析而获得，表示在给定操作条件下某一活动水平的代表性排放率。排放因子是企业温室气体核算所需的关键数据，目前中国还没有较完整的关于排放因子的选择标准，它的选择应尽量降低不确定性。国家发改委发布的各个指南的排放因子主要有两个来源：一是企业根据相关标准提供的检测值，二是由行业协会或者省级温室气体清单提供的缺省值。企业提供的检测值符合自身实际情况，数据准确度高于缺省值，因此，如果条件具备，企业应尽量选择自行检测值。使用缺省值对企业来说较为方便，但会造成一定的问题，因为中国区域间差异较大，即便是国家或省一级的数据，很多情况下也不一定适用于某个具体企业，因此由行业协会提供的排放因子数据也存在一定的不确定性。

5.3.3 企业温室气体核算的对策建议

随着全国碳排放权交易市场的启动，为进一步提高企业温室气体排放管理水平、完善现有企业温室气体量化指南、支撑中国碳排放权交易体系，建议从以下 5 个方面来进一步完善中国企业温室气体排放核算体系。

5.3.3.1　完善企业温室气体排放管理的相关制度安排

温室气体排放核算和报告的顺利推进需要有明确的制度和政策支撑，刘强等（2016）总结提出，从已有的经验看，强制性温室气体排放报告机制相比自愿性温室气体管理计划更能够协助管理部门制定和评估相关政策效果。为有效推动全国碳排放控制，特别是跟进甚至是率先完成碳排放权交易市场的建立，建议抓紧完善企业温室气体管理的相关政策法规，尽快建立重点企业温室气体排放报告制度，强制要求重点行业企业上报温室气体排放情况。

5.3.3.2　应建立并完善重点企业和设施的温室气体报告系统

鉴于国内目前正在实施重点行业的碳排放权交易，以设施为核算边界对计量和数据的要求较高，短时间无法建立起相应体系，现阶段应先选择企业作为核算边界，并以法人为核算单位。同时不断完善重点企业和设施的报告系统，要求重点设施配备计量温室气体的相关器具并实施计量，不断提升企业在设施层面的数据收集能力，为将来实行以设施为核算边界打下坚实的基础。

5.3.3.3　不断健全温室气体核算体系和种类

外购电力和热力也属于企业的能耗，将这部分造成的间接排放也计入核算体系中可以激励企业减少能耗，也有助于建立更完善的核算基础体系，但外购电力和热力消费引起的间接排放在企业温室气体排放报告中应单独列出，避免后期出现重复统计问题。现阶段纳入企业温室气体量化指南的温室气体应以二氧化碳为主，并根据企业的实际情况增加其他温室气体种类。未来应根据企业所属行业发展规划和企业实际情况，估算企业不同种类的温室气体排放占比，并据此来确定企业需要量化的温室气体种类。

5.3.3.4　完善数据计量及收集工作

对于数据的计量与收集工作，一是建议按排放量对企业进行分级，对于重点企业应要求其强制配备计量器具，完善企业数据计量基础条件；二是加强企业数据统计工作人员的能力建设，使企业相关工作人员能够熟练掌握温室气体核算技能；三是完善温室气体数据报送和共享机制，由于目前已有温室气体排放报告系统，建议温室气体排放核算所需的数据统计和共享应建立在已有的统计制度之上。

5.3.3.5　统一排放因子的选择规则，逐步建立中国的排放因子数据库

在制定企业温室气体核算标准时应对排放因子的选择确立一个清晰的规则和标准，且对于一个统一的碳排放权交易市场应至少确立一个统一的、有最低要求的排放因子标准，以此作为企业排放核算和报告的技术依据。国家层面应加强关于排放因子的检测和研究，完善各地区、各行业的排放因子数据，并逐步建立起具有科学性、权威性和得到各方认可的排放因子数据库。

5.4　温室气体核算与报告系统

5.4.1　我国温室气体核算与报告系统现状

建立实行重点企业碳排放报告、核查制度是主动控制碳排放

的重要举措，而建设全国统一的重点企业温室气体排放报告电子报送和信息管理平台是国家、地方、企业三级联动推进此项工作的技术保障。

我国正在研究建立地方温室气体排放数据库和重点企事业单位温室气体排放数据报送平台，并鼓励地方探索建立自己的温室气体排放数据管理服务平台。

在国家层面，我国已初步建立涵盖数据管理、查询和分析功能的国家温室气体清单数据库，用于支撑我国温室气体清单编制工作。2013 年 11 月 5 日，能源与交通创新中心结合中国实际情况开发的中国首个公益性的温室气体核算与报告平台"中国能源与碳注册系统"（ECR）平台正式发布，该平台既符合国际标准，又能满足中国企业和机构的实际需求。2015 年 5 月，国家应对气候变化战略研究和国际合作中心受委托搭建了企业温室气体排放数据直报系统（以下简称"直报系统"）。该系统覆盖直报企业名录管理、温室气体数据填报、温室气体数据核算、温室气体数据核查、数据汇总分析与深度挖掘、温室气体排放数据发布等环节，可实现企业量化、核算、报告以及第三方核查和政府监管、分析、决策等流程的有效衔接和综合管理。鲁亚霜等（2017）在文指出，直报系统还将考虑与国家温室气体清单数据库管理系统、省级人民政府碳强度降低目标考核支撑系统一起构成国家温室气体清单信息与排放数据综合管理平台，实现数据互联及改进清单质量；同时与省级企业温室气体数据报送系统等第三方系统实现数据共享和互换，并为未来的国家碳交易注册登记系统及可能的配额分配系统提供配额分配基础数据。

在省级层面，目前，江西省重点单位温室气体排放报告平台、山西省企业温室气体排放报告和核查信息平台、河北省温室气体排放报告填报系统、北京市温室气体排放信息报送管理系统、上海市重点单位能源利用和温室气体排放报送平台、四川省温室气体排放云计算报告系统与四川省重点单位温室气体排放报告系统等相继投入使用。随着我国碳市场建设工作的启动，各省市陆续开展重点企（事）业单位的温室气体的排放与核查，各地正在积极筹备建立统一的、规范的温室气体排放数据报送系统。但各地温室气体排放数据管理的建设仍处于百花齐放的阶段，还未与国家系统实现对接和数据交互。随着全国碳排放权交易市场的建设，笔者相信各地温室气体的排放数据系统最终将会实现与国家系统的对接以及数据的实时交换。

温室气体数据上报系统的开发及应用研究在我国还处于起步阶段，在建设温室气体数据报送平台过程中依然存在很多困难，将温室气体数据上报工作变为常态化工作还需要投入更多的资源，且需要进行长时间的探索和实践。

5.4.2 温室气体核算与报告系统工作流程及平台构建

通过对四川省联合环境交易所走访调研得知，四川省重点企业温室气体排放系统大致包括以下四大核心功能模块：企业信息数据填报、数据核算、核算报告的生成、第三方核查机构的核查。具体流程为：企业登录平台进行相关数据信息填报（包括热量值、基本参数等），系统根据企业填报的数据自动进行核算并生成核算报告，然后政府主管部门组织第三方核查机构对企业提交的温室气体核算排放报告进行核查，以核实企业提交的排放报告数据的准确性，核查之后登录平台上传核查报告。

中国标准化研究院发布的《工业企业温室气体排放报告实施细则与应用案例研究报告》对企业温室气体排放报告平台的构建进行了一定的描述，重点阐述了核算功能模块和统计分析模块。其运行流程如图5-1所示。

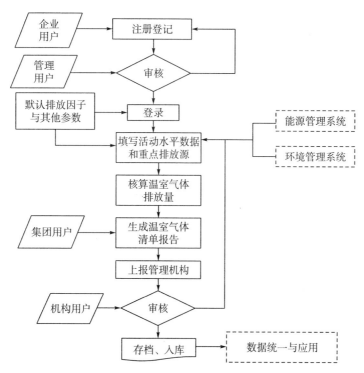

图 5—1　温室气体排放报告平台的运行流程

参照《工业企业温室气体排放核算和报告通则》标准的要求，平台的核算模块包括"直接排放""能源间接排放"与"其他间接排放"3 个。其中，"直接排放"包括"燃料燃烧""工艺工程排放""逸散排放"与"废弃物处理"4 类排放源，平台对这 4 类排放源设置了默认的算法与排放因子参数，并为企业用户提供了输入排放因子的权限，以便更确切地反映企业所在地的实际情况。同时，平台还根据《工业企业温室气体排放核算和报告通则》标准的要求，设置了"重点排放源"的填报区域，可以方便企业填报大型排放设施的排放情况。平台对企业用户填报数据的要求如表 5—7 所示。

表5-7　平台填报信息设置

信息分类	具体要求
企业基本信息	所属行业分类、地域、规模、责任人、企业简介等
能源消耗数据	各种能源类型、消耗量以及不同能源的特征参数等
工艺过程数据	
废弃物处理数据	
能源间接排放消耗数据	企业外购电力、热力
其他与温室气体排放相关的活动数据	包括外输的电力、蒸汽，生物质燃料使用情况；企业已经或正在开展的减少温室气体排放的技术改造等
重点排放源信息	

平台对直接排放各类排放源算法与参数的设置如表5-8所示。

表5-8　平台直接排放后台设置

排放源类型	后台设置
燃料排放	统一各种化石燃料含碳量、氧化率及燃料平均低位发热量等指标
工艺过程排放	包括水泥、钢铁、己二酸、石灰、电石、硝酸、制冷剂等生产工艺过程排放的计算方法
逸散排放	包括煤炭开采和矿后活动、石油和天然气系统的逸散排放等计算方法
废弃物排放	包括固体废弃物填埋、焚烧、工业污水、生活污水等处理过程的排放量计算

平台核算的主页面如图5-2所示。

图5-2　平台填报主界面

图5-3　平台后台参数管理界面

为了适应管理机构的需要，平台设置了统计分析功能，具体
包括：

（1）分地区对企业用户填报的数据以及温室气体报告进行
审批；

（2）对所管辖地区内的企业温室气体排放量进行数据统计和
分析；

（3）对所管辖地区内的重点排放源进行监测和管理；

（4）对所管辖地区内的企业进行温室气体减排目标考核。

此外，平台还设置了扩展接口，方便企业报告信息的多用途使用，具体如下：

（1）系统采用规范化设计，必要时可与其他系统进行对接；

（2）可实现与企业能源统计报表的数据导入、导出功能；

（3）可实现管理机构对本管辖区域内的企业或重点排放源进行跟踪管理，并实现碳排放预警；

（4）按需求进行数据定制化统计，为管理机构提供工作和决策建议。

详细内容参见中国标准化研究院发布的《工业企业温室气体排放报告实施细则与应用案例研究报告》。

6 四川省碳排放第三方核查体系建设问题

6.1 第三方核查体系建设的重要性

6.1.1 什么是第三方核查机构

贾睿等（2017）认为温室气体排放核查也称碳排放核查或碳核查，是指由独立的机构基于可用数据评估报告中的信息，审查受核查方的排放报告，其数据是基于可获取数据的恰当的排放量估算值。其中，独立的机构就是第三方核查机构，文胜蓝（2017）认为第三方核查机构是指具有一定资质和能力，对排放单位实际产生的温室气体排放量或减排量进行核对、监测、评估，并出具相关核查报告，承担相应责任的第三方专业机构。目前我国碳排放的第三方核查机构由省发改委进行备案管理，主要是对重点排放单位为申请碳排放配额而提交给发改委的碳排放报告和报告数据进行审查，避免排放单位虚报、谎报的行为，以确保排放报告数据的真实性。

6.1.2 第三方核查机构工作规范

为了规范不同机构的核查工作，在核查活动方面，国家发改委制定了《全国碳排放权交易第三方核查参考指南》。该指南明确规定了第三方核查机构开展核查时必须遵循的几项基本原则，包括客观独立、公平公正、诚实守信、专业严谨；规定了核查的基本程序，包括接受委托、核查准备、文件评审、现场核查和编制审计报告等步骤（如图 6-1 所示）。同时，也为核查工作提供了统一的核查计划格式、核查报告格式、核查记录表等附件，以规范和方便审计工作的开展，另对核查人员的能力也做出了详细要求。

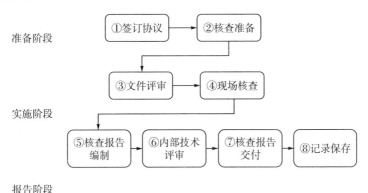

图 6-1　核查工作流程图

在核查机构和核查人员方面，国家发改委发布的《碳排放权交易第三方核查机构及人员参考条件》规定了第三方机构及人员的准入条件，对第三方核查机构的公正性做了一定的要求。同时对第三方机构核查员的参考条件也进行了一定的阐述。各地方发改委也对核查机构和人员提出了管理要求。但是，已有制度文件在法律层级上有待提升，国家和地方的管控要求差异较大，相关标准规范尚待统一，核查机构和核查人员水平参差不齐，亟须在法律法规体系、标准规范、机构人员管理等方面予以完善。

6.1.3　建立第三方核查体系的重要性

在应对气候变化国际形势上，第三方认证是我国碳排放权交易市场应对气候变化国际形势的基础保障，是我国碳排放权交易市场建立和实施的重要组成部分。

在配合政府、协助企业方面，应配合地方政府，进行碳排放权交易试点的监测、报告和核查制度体系的建立。对排放源温室气体的排放进行监测、报告以及对排放报告进行核查，是保证碳排放权交易体系得到实施并取得预期环境效果的关键步骤，同时，真实准确的排放数据保证了交易体系的可靠性和可信度。

6.2　四川省碳排放第三方核查体系的建设

6.2.1　中国碳排放第三方核查体系初步形成

2011 年国家发改委公布了《国家发展和改革委员会办公厅关于开展碳排放权交易试点工作的通知》（发改办气候〔2011〕2601 号），同意在北京、上海、广东、深圳、湖北、天津和重庆 7 个省市开展排放权交易试点，各试点省市都确定了其碳排放核查机构。截至 2018 年，以上试点已经完成了 2013 年和 2014 年的履约工作，各重点企业的温室气体排放报告都已经过第三方机构的核查。除试点省市外，湖北、浙江等省市已通过征选或招标的形式确定了其碳排放第三方核查机构，山东、四川、福建等省市第三方核查机构的确定也在进行中。虽然中国已初步建立了碳排放第三方体系，但让碳市场的建设和运行（模式）遍及全国的要求还存在一定差距。

第三方核查机构有一部分是国家队，这里定义的国家队，是被国家发改委授予审核中国温室气体自愿减排项目的第三方审核机构，被市场公认为温室气体项目审核领域专业能力最强的机构，包括中国质量认证中心、中国船级社质量认证公司、中环联合（北京）认证中心有限公司、中国建材检验认证集团股份有限公司、环境保护部环境保护对外合作中心、深圳华测国际认证有限公司、北京中创碳投科技有限公司、广州赛宝认证中心服务有限公司。根据他们被选取为重点排放单位核查的省市数量，依次分为三档（如图 6-2）：第一档（不小于 20 个省市）、第二档（不小于 10 个省市）、第三档（小于 10 个省市）。除了国家队以外，其他第三方核查机构中还有众多从事碳配额和中国温室气体自愿减排咨询和买卖的碳资产公司或碳咨询公司，如北京卡本能源咨询有限公司、华能碳资产经营有限公司等。

图 6-2　第三方核查机构等级图

6.2.2　四川省第三方核查机构

通过四川省发改委的官网查阅相关资料，资料显示，根据国家发改委《关于组织开展重点企（事）业单位温室气体排放报告工作的通知》要求，为更好推进碳排放权交易的基础工作，让更多机构参与四川省重点企（事）业单位碳排放核查，2015 年 8 月四川省发改委面向社会公开征选碳排放第三方核查机构 20 家（见表 6-1），入选的机构将作为四川省各级政府有关部门组织开展碳排放核查和重点企（事）业单位自主委托开展碳排放核查的备选机构，进入四川省的碳排放第三方核查机构备选库，并实施动态管理。第三方核查机构由四川省发改委建库并进行备案，主要以 CCER 下的机构为主，其他则包括一些小型的碳咨询相关机构。

表 6-1 2015 年碳排放第三方核查备选机构

序号	机构名称
1	中国质量认证中心成都分中心
2	中国船级社质量认证公司四川分公司
3	中环联合（北京）认证中心有限公司
4	北京中创碳投科技有限公司
5	广州赛宝认证中心服务有限公司
6	深圳华测国际认证有限公司
7	北京中竞同创能源环境技术股份有限公司
8	中国检验认证集团四川有限公司
9	深圳嘉德瑞碳资产股份有限公司
10	方圆标志认证有限公司
11	中国建材检验认证集团股份有限公司
12	北京和碳环境技术有限公司
13	广州绿石碳资产管理有限公司
14	上海宝碳新能源环保科技有限公司
15	华能碳资产经营有限公司
16	成都清然科技有限公司
17	成都益可同创科技有限公司
18	四川普拉德清洁能源咨询有限公司
19	四川圣智鑫联节能环保科技有限公司
20	四川拓展清洁发展机制服务中心

2018年1至5月，四川省发改委委托中国质量认证中心等10家第三方核查机构（具体名单见表6-2）对233家重点碳排放企业开展了碳排放核查与监测计划审核、碳排放复查与监测计划复核。

表6-2 2018年参与核查机构名单

序号	机构名称
1	四川拓展清洁发展机制服务中心
2	中国质量认证中心
3	北京中化联合认证有限公司
4	中国船级社质量认证公司
5	杭州超腾能源技术股份有限公司
6	江苏省星霖碳业股份有限公司
7	四川全标检测认证有限公司
8	成都育阳机电科技有限公司
9	北京卡本能源咨询有限公司
10	中国建材检验认证集团股份有限公司

通过对四川省联合环境交易所调研可知，对于第三方核查机构的费用问题，相关工作人员分析到，根据目前四川省发布的相关文件来看，第三方核查机构的费用前期阶段应该是由地方财政支付，后期的费用还需要根据具体发展情况而看，也有可能会由企业负担这部分的费用。

6.3 第三方核查体系存在的问题探讨

6.3.1 碳核查市场供不应求，核查能力参差不齐

据相关统计，目前纳入全国碳排放权交易市场的企业超过1

万家，各省份和试点地区已遴选出的第三方核查机构仅几百家。如要按时保质地完成核查任务，现有核查机构和核查人员数量均不足。部分地方将科研单位、碳资产管理公司及工程咨询公司等一些不相关的机构纳入第三方核查机构体系，导致核查机构能力参差不齐。同时，不同核查机构之间、同一核查机构内不同核查人员之间存在经验和责任心的差别，直接影响到核查的准确性和公平性。

6.3.2 碳核查指南欠完善，核查标准欠统一

现有核查指南中存在行业划分与企业实际不符、计算公式与企业实际工艺流程不匹配，部分企业监测状况难以满足指南中的碳排放计算公式要求，或与指南要求的计量方式不一致等问题。此外，指南对部分核查项目未做详细规定，导致核查标准不统一。同时，不同核查机构对核查指南的把握、执行也存在差异，导致同一行业，甚至同一类型企业的核查标准不统一。

6.3.3 碳核查费用来源不明确，核查独立性难以保证

目前，企业历史排放的核查费用全部由地方财政支付，而针对履约年度的企业，碳排放核查费用有的由地方财政支付，也有的由企业支付（如北京和深圳）。由地方财政支付核查费用，在一定程度上可保持核查机构的独立性；直接由企业支付核查费用，则影响机构的独立性与结果的公平性。通过政府采购或招标的形式来甄选核查机构，但因费用审查机制尚未建立，核查取费基准尚不系统，容易造成权力寻租。

6.3.4　碳核查监管体系不够完善，核查行业协会尚未组建

全国碳交易第三方核查机构管理的相关办法中，明确了核查机构的监督与管理职责，却没有明确部门责任，仅笼统强调由国家发改委和相应部门负责。第三方碳核查机构的监管体系不够完善，大小核查机构充斥市场，目前未出台相关资质咨询认证标准，无法通过资质区分核查机构的核查能力及市场信用，同时缺乏可以支撑监管体系的行业协会。

6.3.5　碳交易立法有待加强，碳交易法律体系有待统一

我国 7 个碳排放权交易试点中，只有北京和深圳出台了法律文件，其他 5 个试点都以省（市）政府令或政府文件的形式发布了相关管理办法。对第三方核查机构的资质管理及高额经济处罚是核查工作顺利开展的保障。政府令（文件）法律效力较弱，无法设立行政许可。同时，各试点区的法律体系尚未上升到国家层面，没有兼顾非试点区及其他地区的实际情况，使核查机构跨区域执业及复查受到制约，影响全国碳市场的顺利启动。

6.4　四川省第三方体系建设的发展建议

6.4.1　建立第三方核查机构进入退出机制，提升核查业务能力

完善碳排放第三方核查机构准入机制，按照公开征集、机构自愿申请、专家审核、相关管理部门审定的程序进行资质审定；

综合评估核查机构信用等级、硬件资质及发展潜力，探索对碳排放第三方核查机构的分级管理，提高核查机构市场区分度；在建立准入机制的同时引入退出机制，将有不良记录的核查机构排除在外，规范市场秩序。

6.4.2 完善碳核查行业标准，夯实碳排放监测核算基础

完善《全国碳排放权交易的第三方核查指南》，进一步规范碳核查机构的工作流程。科学划分组织边界，合理设置碳配额；给出因企业改制合并、产量变化等原因导致计算参数调整的处理办法；完善指南所包含的行业与工艺类型及对各种核查项目做出详细规定，统一核查标准。统一统计口径和方法，按照自然月形成一套独立对口国家发改委、经信委、统计局等政府机构的能源消耗统计报表，并可溯源至原始能源计量记录的数据体系。

6.4.3 统一核查和复查费用，保障核查的独立性和公平性

为确保核查机构的独立性和准确性，建议全国碳排放核查和复查费用由中央财政安排专项资金予以解决。制定明确的政府采购或招标取费标准，公开采购和招标过程，不设置任何倾向性投标要求，赋予每个机构公平参与竞争的机会，以确保遴选出资质得当、业务能力突出的核查单位。建立核查费用审查体系，在保证核查质量的前提下，不断提高核查费用的效率，以此挤压权力的寻租空间。

6.4.4 组建碳核查行业协会，统筹完善核查监管体系

加快组建碳核查行业协会，搭建核查机构交流平台，促进机

构间在核查内容、核查模板、关键参数选取等方面达成共识，组织机构间进行技术和经验分享，及时沟通核查中的问题。从国家整体和长期利益出发，统筹兼顾不同地区的需要，建立健全全国碳交易市场核查的配套监管体系，规范碳核查工作流程。同时，统筹管理相关信息、数据，条件允许时建立统一的系统进行管理。

6.4.5　加强碳排放监管立法，建立健全政策保障体系

加快建立和完善以《碳排放权交易管理条例》为核心的法律法规体系，依法强化监督管理，规范碳核查监管中政府部门、第三方核查机构及企业的行为。从7个碳排放权交易试点地区向外扩展，促进区域间的碳交易立法，进而实现区域法向全国性上位法的跃迁。同时，不断完善碳排放总量确定、配额分配、第三方核查方法及评价指标体系，实现碳减排的标准化、科学化，从而弥补法律体系中技术体系的缺陷。

7　四川省碳排放权会计核算问题

7.1　国内研究现状评述

7.1.1　关于碳排放权及碳排放会计的研究

对于碳排放权的定义，赵勃飞（2011）认为，碳排放权是指一种人类对大气容量的使用权，是权利人对大气容量以排放含碳气体而使用的权利。而高莉娟（2014）则主张，碳排放权属于公共的环境资源，企业不拥有其所有权，只具有使用权。碳排放权是对大气环境资源占有、使用和收益的权利。

对于碳排放会计核算的问题，张彩平（2015）主张从宏观及微观两个层次对碳排放权进行会计核算，宏观层面主要是核算碳排放总量，确定配额分配原则、标准和方法以及具体可行的分配方案；微观层面则是对碳排放成本、收入和碳排放权配额的确认、计量及披露等问题的研究。

7.1.2　关于碳排放权初始确认及计量属性的选择

关于碳排放权的初始确认，2012 年以前，我国并未纳入《京都议定书》的强制减排范围，这使得碳排放权在强制减排前后应有着不同的会计处理。杨博（2013）认为，在强制减排前应专门设置"碳资产"一级科目进行核算并采用历史成本计量，而在强制减排后企业可根据具体情况分别确认为存货、金融资产或无形资产等，并按初始计量分别选择历史成本或公允价值计量模式。王爱国（2012）认为，碳排放权应确认为无形资产，但是也应承认其具有金融商品的属性。张彩平、肖序（2014）主张，碳排放权符合货币资产的特征并且具有代币职能，所以应在货币资金科目创建一个新的货币科目——"碳货币"，把碳排放权货币化。随着研究的进一步深入，刘会芹（2015）认为，持有消费的碳排放权应确认为"环境资产——碳排放权"，参照无形资产进行会计处理，持有用于投资的碳排放权应确认为"投资性环境资产——碳排放权"，参照投资性房地产处理。若持有意图改变，可从"环境资产——碳排放权"转入"投资性环境资产——碳排放权"。由于企业持有碳排放权的目的不同，因此对其会计确认也有所不同。伍中信（2014）从产权视角出发，主张对于碳排放权的纯供应者应当将其确认为一项存货，碳排放权交易的金融中间商应将其确认为一项金融资产，而碳排放权的最终消费者则应当将其确认为一项存货。而毛政珍（2015）认为，应当单独设立碳排放权一级核算科目，以示对碳排放权交易的重视。

关于碳排放权计量属性的选择，王蜜（2014）提出，应当新设"投资性环境资产——碳排放权"和"环境资产——碳排放权"两个一级会计科目对碳排放权进行专门的核算，并允许历史成本与公允价值模式共存。李永臣（2015）认为，可将碳排放权分类为两类资产，"投资性碳排放权"采用公允价值计量，"生产性碳排放权"采用历史成本计量。通过对碳排放权的权能和属性进行分析后，苗春谊（2016）认为，现阶段应采用历史成本与公允价值并存的计量模式，持有满足日常经营的生产性碳排放权适宜采用历史成本计量，而对于拟出售交易的投资性碳排放权则应采用公允价值计量。闫华虹（2016）也主张按照持有意图的不同把碳排放权分别确认为无形资产和交易性金融资产，采用公允价值与历史成本并存的计量模式。

碳排放权分为政府无偿分配和有偿购买两种，对于这两种情况应由不同的会计处理。孙志梅（2016）主张政府无偿分配的碳排放权应初始确认为无形资产及递延收益并直线摊销进入损益，而有偿购买的碳排放权直接计入无形资产。并且两种情形下都采用公允价值计量模式。基于对天津市碳排放权交易市场的分析研究，高建来（2015）认为，碳排放权应确认为交易性金融资产，并就履约企业及投资机构的不同会计处理进行了详细的论述。在借鉴美国、欧盟等西方国家的碳排放会计核算经验后，施颖（2015）提出，持有自用的碳排放权应确认为"环境资产——碳排放权"，采用历史成本计量；持有为了交易的碳排放权则应确认为"投资性环境资产"，并以公允价值进行后续计量。

7.1.3 关于碳排放权会计信息的披露研究

关于碳排放权会计信息披露的方式，主要有以下几个观点：一是在传统的财务报告中增设会计科目进行披露。李永臣（2015）认为，投资性碳排放权应列示于交易性金融资产之后，因为它的流动性弱于交易性金融资产。生产性碳排放权基于其流动性，应列示于存货之后。二是编制专门的碳会计报告书。方施（2012）认为，在财务报告中不能够完整地披露碳排放权会计信息，而应编制专门统一的碳会计报告来清晰直观地反映企业的碳排放情况。三是编制单独的低碳报告书，并且对外公开，与财务报告一起接受独立的第三方审计。

对于碳排放权在传统财务报告中的披露，蒲春燕（2012）认为，碳排放权应直接列示于资产负债表的其他非流动资产科目内，并且碳排放活动属于企业的投资活动，应在现金流量表中体现其现金活动，至于CDM项目的基本情况，应披露于财务报表的附注中。而许群（2014）主张在现有财务报告中增设"其他资产——碳资产"进行表内披露，并在财务报表附注中披露碳排放配额的取得方式及数量变动情况以及企业碳排放的监测计划报告及独立的第三方机构出具的核查报告等。随着研究的进一步深入，孙志梅（2016）主张应在传统财务报告中进行披露，将碳排放权的公允价值列示在无形资产下，相应的公允价值变动计入其他综合收益。

对于碳排放权的表外披露，基于目前很多大型企业每年均会公布社会责任报告书，闫华虹（2016）提出了两种披露模式：一是在现有财务报表中的无形资产和交易性金融资产下增设碳排放权明细科目并对其进行披露，二是编制单独的碳排放权报告书进行单独的表外披露。

7.1.4 现状评论

综上所述，对于碳排放权是企业的一项资产，国内外学者已达成一致认识。但是企业应将其确认为何种资产，则存在不同的学术观点。有些学者认为企业应将碳排放权确认为一项无形资产，采用历史成本计量，相应地后续进行摊销和计提减值准备。而有的学者则主张将其确认为一项金融资产，后续以公允价值计量。还有的学者基于企业持有目的的不同，主张分别确认为无形资产和交易性金融资产，采用历史成本与公允价值并存的计量模式。对于碳排放权会计信息的披露，主要有以下两种主流观点：一是在传统财务报告中增设会计科目进行披露，二是编制专门的碳会计报告书进行表外披露。

由上可知，目前对碳排放权的研究存在以下几点缺陷：一是对碳排放权的研究还是只集中于某一具体的方面，比如仅局限于碳排放权的会计确认或信息披露，对碳排放权进行整体系统的研究较少；二是按照持有目的进行会计确认计量，这是最符合碳排放权交易实质的，但是却缺乏对企业后续持有目的改变的会计处理的研究；三是碳排放权交易有着不同的交易主体，比如碳排放权的纯供应者、金融中间商以及最终消费者，对于不同的交易主体应当有不同的会计处理，而目前对这部分的研究甚少。

本书将参考财政部 2016 年公布的《碳排放权交易试点有关会计处理暂行规定（征求意见稿）》（以下简称《征求意见稿》），对其不足之处提出改进意见，具体研究不同碳排放权交易主体的会计处理及相应的后续会计信息披露问题，旨在为不同交易主体提供可供参考的会计处理模式。

7.2 《征求意见稿》中的碳排放权核算体系

财政部发布的《征求意见稿》规定了排放企业应当新设置的会计科目，给出了各种碳排放权交易行为的账务处理意见。本书对《征求意见稿》的主要内容进行归纳阐述，并总结其不足之处。基于《征求意见稿》的不足之处，本书将其进行改进，得出改进后的核算体系。

《征求意见稿》适用于北京、重庆等 7 个主要交易试点，旨在为参与碳排放权买卖交易的企业规范会计处理，包括重点排放企业和其他一般企业。

《征求意见稿》主要包含设置会计科目、日常会计核算、财务报告披露三个方面，并就交易企业持有目的的不同，分为自用型和交易型碳排放权。

排放企业在日常碳排放权交易业务中，主要涉及以下四类账务处理：一是无偿从政府取得碳排放权配额，二是出售碳排放权配额，三是排放企业将节约的碳排放权配额和 CCER（国家核证自愿减排量）对外出售，四是交易企业购入碳排放权配额用于对外投资。

7.2.1 碳排放权科目设置

在碳排放权交易市场上参与交易的排放企业应当设置以下会计科目，用以核算碳排放相关交易行为。排放企业需设置"1105碳排放权"资产类科目，用来核算企业有偿取得的碳排放权，同时应设置两个明细科目，即排放配额（简称配额）与国家核证自愿减排量（CCER），碳排放权科目属于资产类科目，借方登记排放企业增加的碳排放权配额或 CCER，贷方则登记排放企业减少的碳排放权。

重点排放企业还应当设置"2204 应付碳排放权"负债类科目，用来核算为履行履约碳排放义务而应支付的碳排放权价值。应付碳排放权科目属于负债类科目，借方登记排放企业减少的应付碳排放权（比如完成履约时），贷方登记排放企业增加的应付碳排放权（比如超额排放或出售碳排放权时）。

7.2.2 碳排放权计量属性的选择

对于碳排放权会计处理采用的历史成本与公允价值并存的计量模式，参与碳排放权交易的企业先以在交易市场上取得的碳排放权历史成本计量，后续以公允价值计量。期末按公允价值对碳排放权的账面价值进行调整，对于超过排放配额的实际排放量也以公允价值计入当期损益。历史成本计量即以取得时付出的对价计算，而公允价值可从中国碳排放权交易网获得。中国碳排放权交易网会公布七大交易机构每个工作日的碳排放权交易均价，同时还会公布当日成交最高价及成交最低价等信息。

7.2.3   碳排放权账务处理

7.2.3.1   取得碳排放权的会计处理

对于政府无偿分配的碳排放权配额，重点排放企业自取得之时不作任何账务处理，只在备查登记簿做备查登记。如果排放企业本期超额排放，对实际超额的排放配额以实际排放行为发生时的公允价值计量，对超过排放配额部分按其公允价值作如下会计分录：

借：管理费用或制造费用

　　贷：应付碳排放权

期末，应付碳排放权应当调整至公允价值。对重点排放企业累计实际碳排放量超过配额部分以期末公允价值计量，将其账面价值调整至公允价值，对于公允价值大于账面价值的差额部分作如下会计分录：

借：公允价值变动损益

　　贷：应付碳排放权

若期末应付碳排放权公允价值小于其账面价值，作相反会计分录：

借：应付碳排放权

　　贷：公允价值变动损益

当重点排放企业实际排放量超过其拥有的碳排放权配额时，可从碳排放权交易市场上购入碳排放权。排放企业按购买当日实际支付的价款及相关税费，作如下会计分录：

借：碳排放权

　　贷：银行存款等

同时期末将"碳排放权"科目的账面价值调整至期末公允价值，当碳排放权公允价值大于账面价值时，按其差额作如下会计分录：

借：碳排放权

　　贷：公允价值变动损益

当碳排放权公允价值小于账面价值时，按其差额作如下会计分录：

借：公允价值变动损益

　　贷：碳排放权

排放企业实际履约时，将"应付碳排放权"及"碳排放权"科目的账面价值冲销，作如下会计分录：

借：应付碳排放权

　　贷：碳排放权

　　　　公允价值变动损益（差额）

7.2.3.2　出售后购买碳排放权的会计处理

重点排放企业从政府部门取得碳排放权配额时，若对碳排放权市场价格预期看跌，可先将其配额出售（全部或部分出售），日后再购回。排放企业按其出售时实际收到或应收的价款（扣除相关税费），作如下会计分录：

借：银行存款或应收账款

　　贷：应付碳排放权

如果重点排放企业出售碳排放权配额后，其当期累计实际排放量大于所剩配额，在实际发生碳排放行为时，按其超额实际排放部分的公允价值，作如下会计分录：

借：管理费用或制造费用

　　贷：应付碳排放权

期末，对重点排放企业本期实际碳排放量（包括已出售及超额排放配额）也应以公允价值计量，作如下会计分录：

借：公允价值变动损益

　　贷：应付碳排放权（或相反）

重点排放企业购买碳排放权（包括原出售及超额排放配额）时，按购买当日实际支付的价款及相关税费作如下会计分录：

借：碳排放权

贷：银行存款等

重点排放企业实际履约时，将"应付碳排放权"及"碳排放权"科目的账面价值冲销，作如下会计分录：

借：应付碳排放权

贷：碳排放权

公允价值变动损益（差额）

7.2.3.3　出售 CCER 及对外投资会计处理

重点排放企业可以通过各项节能减排措施节约碳排放权配额，或者通过 CDM 项目取得 CCER，排放企业可将节约的配额及 CCER 对外出售。由于政府配额及 CCER 均未入账，出售时也无法冲减碳排放权，故按实际取得的价款（扣除相关税费）作如下会计分录：

借：银行存款

贷：投资收益——碳排放权收益

重点排放企业或其他企业可出于投资目的从碳排放权交易市场购入碳排放权，应按购买当日实际支付的价款作如下会计分录：

借：碳排放权

贷：银行存款

期末，重点排放企业或其他企业应调整碳排放权账面价值至期末公允价值。期末按碳排放权公允价值大于账面价值差额部分作如下会计分录：

借：碳排放权

贷：公允价值变动损益（或相反）

重点排放企业或其他企业将用于投资的碳排放权对外出售，按出售当日实际收到的金额（扣除相关税费），借记"银行存款"

等科目，再将碳排放权按其账面价值冲销，贷记"碳排放权——交易碳排放权"，按其差额贷记或借记"投资收益——碳排放收益"科目。

7.2.4 《征求意见稿》的不足分析

本书在对《征求意见稿》进行详细分析并归纳总结后得知，《征求意见稿》主要不足之处有以下三个方面。

7.2.4.1 初始未确认入账

对初始无偿获得的政府配额不进行账务处理，仅做备查登记。根据企业会计准则对资产的定义可知，资产是由企业拥有或控制的一项经济资源，预期能给企业带来经济利益。通过对碳排放权的本质进行分析可知，碳排放权满足会计准则对资产的定义，属于企业拥有的一项资产。对于企业拥有的资产应该进行初始入账并进行后续会计核算，才能客观真实地反映企业的经营情况及资产状况。对于资产核算入账，排放企业将在财务报告中对外披露，满足利益相关者的信息需求。而若仅在备查登记簿中登记，外部信息需求者则无法获得排放企业的碳排放权信息。

7.2.4.2 程序繁琐复杂

仅在超额排放时确认应付碳排放权，每次发生排放行为还要将累计排放量与拥有的政府配额进行比较，看是否超额排放，程序繁琐复杂。并且由于对初始无偿分配所得的政府配额进行了账务处理，为使逻辑匹配，应当在每次实际排放时确认应付碳排放权，使碳排放权科目记录企业拥有的碳排放权配额（包括无偿获得及后续购买），应付碳排放权记录企业实际排放的所有碳排放量。

7.2.4.3　仅适用于排放企业

　　参与碳排放权交易的企业还有纯属金融中间商，他们交易的目的是赚取差额收益。也许还有 CCER 的纯供应者，供应参与企业参与节能减排项目（比如 CDM 项目）获得的 CCER，从而获取经济利益。《征求意见稿》仅适用于纳入政府配额管理的重点排放企业，并未给其他类型提供参考的账务处理，故需要对参与碳排放权交易的所有企业进行分类。

　　本书将《征求意见稿》相关规定整理如表 7-1 所示。

表 7-1　对《征求意见稿》总结

碳排放权配额交易项目		会计分录	不足之处
自用	初始无偿获得	不作账务处理	①因初始未入账，故出售时无法冲减碳排放权
	无偿取得后出售	借：银行存款/应收账款 贷：应付碳排放权	
	实际超额排放发生时，以当日公允价值入账	借：制造费用/管理费用 贷：应付碳排放权	
	资产负债表日，调整至当日公允价值	借：公允价值变动损益 贷：应付碳排放权 （或相反分录）	②每次排放均需将累计排放量与政府配额比较，繁琐复杂
	在市场上购入用于清缴	借：碳排放权 贷：银行存款等（期末调整至公允价值）	
	实际履约时	借：应付碳排放权 贷：碳排放权 公允价值变动损益（或借方）	

碳排放权配额交易项目		会计分录	不足之处
投资	CCER 或节约的配额对外出售	借：银行存款 　　贷：投资收益——碳排放权收益	③仅适用于重点排放企业
	购买日	借：碳排放权——交易碳排放权 　　贷：银行存款等	
	出售时	借：银行存款 　　贷：碳排放权——交易碳排放权 　　　　投资收益——碳排放权收益	

7.3　改进后的碳排放权核算体系

本书基于《征求意见稿》的不足之处，提出相应的改进意见。首先是对参与碳排放权交易的企业进行分类，再基于不同类型交易企业分别给出不同的会计核算意见。本书的重点研究对象是重点排放企业，故后续大量篇幅均是研究重点排放企业不同交易行为的会计核算，再根据《征求意见稿》给出的碳排放权披露内容进行改进调整，总结出本书碳排放权的披露形式及披露内容。后面内容的案例分析也是选择具有代表性的重点排放企业，对其真实的碳排放权交易行为，按照《征求意见稿》规定的碳排放权核算体系及本书改进后的核算体系分别进行会计核算，后续再根据核算数据进行对比财务分析。

7.3.1   碳排放权交易企业的分类

碳排放权交易主体必须是明确的企业法人主体，且碳排放权交易的本质就是不同的产权主体之间碳排放产权的转移。现实中碳排放权交易复杂，涉及多方的利益关系，按照其性质的不同可将参与的交易主体分为以下三类。

7.3.1.1   CCER 纯供应者

仅仅向碳交易市场提供其经核证的减排产品，且不需要承担减排义务的企业即为这里讨论的"纯供应者"。此类交易主体拥有的碳排放权即为经核证减排的碳排放量（CCER），他们持有的主要目的是对外出售，从而获得经济收益。"纯供应者"企业可将 CCER 在碳排放权交易市场出售给负有减排义务的排放企业，从而获得相应的经济收益。这类企业并不直接参与碳排放权交易，他们大多是将核证减排量以期货的形式出售给金融中间商。

7.3.1.2   金融中间商

近年来，碳排放权交易市场的交易规模不断扩大，碳排放权交易产品类别日益丰富且其货币化程度不断提高，越来越多的金融机构及投资者开始参与碳排放权市场交易。随着投资银行、风险投资者及基金等参与碳排放权金融交易，投资者主体也越来越多元化。这些活跃的投资主体持有碳排放权及其衍生金融产品，并不是为了完成节能减排义务，而是属于投机行为，完成资本的保值增值，获得投资收益。此类交易企业即为碳排放权交易的金融中间商，正是由于这类交易主体的存在，使得碳排放权交易市场更加活跃。

7.3.1.3 重点排放企业

对于负有减排义务的企业,他们是碳排放权的最终消费者。由于各地碳排放权交易市场的成交价格不同,使得排放企业的碳排放机会成本不一样,重点排放企业可以在碳排放权交易市场上购买碳排放权,用以降低自己的减排成本。重点排放企业需要为自己的污染行为付出相应的代价,他们购买碳排放权的过程即为付出经济代价的过程。重点排放企业为履行减排义务而购买碳排放权,间接提高了生产运营成本,增加了生产成本。因此,为了提高经济效益,他们就会采取一切措施实现节能减排,降低生产成本,积极采用更加节能的生产方式,最终将有利于实现低碳经济,完成节能减排。

7.3.2 不同类别企业的碳排放权会计确认及计量

7.3.2.1 CCER 纯供应者

CCER 纯供应者基于 CDM 机制或行业减排机制,申请取得碳排放权,将项目中减排的温室气体确认为特殊商品对外出售,从而获得相应的经济利益,因此碳排放权并不需要长期持有,属于短期持有的流动资产。CCER 纯供应者不会在碳排放市场上进行交易,而是将其转让给中间商,不符合金融工具的定义,因此对于 CCER 纯供应者而言,碳排放权应确认为存货的一类。在这类企业的日常经营活动中会产生碳减排量,经国家相关部门核证后即可确认为可供出售的核证减排量(CCER),符合存货的定义。

(1)碳排放权初始计量:将 CDM 减排项目开发过程中的实际支出初始确认为存货-碳排放权,"开发支出"科目先归集开发过程中的实际支出,作如下分类:

借：开发支出

　　贷：应付职工薪酬/工程物资等

同时按照开发支出核算准则，对以前所有符合资本化条件的费用化支出，期末结转时计入管理费用。对于资本化资产，在项目获得相关部门的审批后，即可确认为碳排放权，将开发支出的账面余额转入存货——碳排放权。

（2）碳排放权后续计量：需要在每期末对碳排放权进行减值测试，并以成本与可变现净值孰低计量。若碳排放权发生减值，则需要对其计提减值损失，借记"资产减值损失"，贷记"存货跌价准备——碳排放权"，倘若以后碳排放权交易价格回升，计提的跌价准备可予以转回。

（3）碳排放权对外出售：本书认为将碳排放权对外出售不属于企业生产经营以外的活动，属于企业日常的生产经营活动，因此对外出售碳排放权的收益应确认为营业收入（主营业务收入或其他业务收入），同时结转相应的营业成本。

CCER 核算示意图见图 7-1。

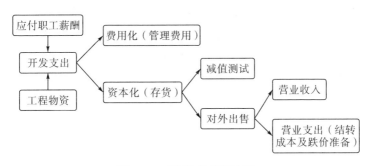

图 7-1　CCER 核算示意图

7.3.2.2　金融中间商

对于为了赚取中间差价的金融中间商，他们对碳排放权交易市场做出价格预期，低价购买碳排放权配额，然后高价出售，以此获得价差收益。对于这类企业而言，他们持有的碳排放权配额是短期的，持有的目的纯属是赚取价差收益，所以应当作为交易性金融资产进行核算，以公允价值进行后续计量。持有期间的公允价值变动计入"公允价值变动损益"，出售时获得的收益计入"投资收益"，同时结转"公允价值变动损益"计入"投资收益"。

7.3.2.3　重点排放企业

从政府无偿取得的碳排放权符合会计准则对资产的定义，企业应当对其进行账务处理，核算其经济价值。企业初始无偿获得碳排放权政府配额时，按当日公允价值作如下会计分录：

借：碳排放权——政府配额

贷：未确认排放收益

未确认排放收益是一个过渡核算科目，属于碳排放权的附加备抵科目，借方记录排放企业排放行为发生时冲减的数额，贷方记录初始无偿获得碳排放权配额增加的数额。若期末存在余额，应当将其冲销进入投资收益，作为企业真正实现的节能减排收益。同时为了保持内在逻辑性，企业每次发生排放行为时就应当进行账务处理，按当日公允价值确认为应付碳排放权，使应付碳排放权科目核算企业的实际碳排放量。购买碳排放权时，应当设定"购买配额"明细科目，按当日公允价值作如下会计分录：

借：碳排放权——购买配额

贷：银行存款

当企业实际发生排放行为时，作如下会计分录：

借：未确认排放收益/制造费用

贷：应付碳排放权

当重点排放企业在政府配额内实际排放时，无论最后是否超额排放，均应借记"未确认排放收益"，贷记"应付碳排放权"。
当重点排放企业超过政府配额实际排放时，应借记"制造费用"
或"生产成本"，贷记"应付碳排放权"。如果企业节能减排，政
府无偿分配的碳排放配额未被排放完毕，则初始确认的未确认排
放收益未完全被冲销，未确认排放收益的余额即为企业节能减排
的生产经营外的经济收益，应在期末将未确认排放收益余额确认
为投资收益。重点排放企业可将剩余碳排放政府配额对外出售，
即使不对外出售这部分配额而留待下年度使用，基于权责发生
制，这是本年度实现的节能减排收益，也应当在本年度确认为投
资收益。如果企业超额排放，企业因取得政府配额初始确认的未
确认排放收益将被全额冲销，超过配额的碳排放量按排放当日公
允价值计入"制造费用""生产成本"等科目。

排放行为核算示意图见图7-2。

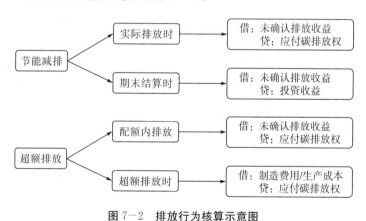

图7-2 排放行为核算示意图

需要说明的是，对碳排放权及应付碳排放权均应以配额数量
和货币价值进行双重核算。"碳排放权"科目核算重点排放企业
实际拥有的碳排放权数量及货币价值，"应付碳排放权"科目核
算重点排放企业实际发生的碳排放量及负债义务。

7.3.3 对核算体系的总结

综上所述，本书的核算体系按照不同的交易企业类型应当分别适用于不同的核算流程，对于各类交易企业均应以公允价值进行计量，并采用货币和数量双重计量模式。

对于纯 CCER 供应者，CCER 属于他们的特殊存货，提供 CCER 是他们的主营业务，其拥有的 CCER 应当初始确认为存货，并根据后续是否存在减值迹象，计提存货跌价准备，如果他们是通过 CDM 项目获得的 CCER，则先通过开发支出科目核算开发过程中的项目成本，项目成功后转入存货。

对于为了赚取中间差价的金融中间商，他们主要通过购买取得碳排放权配额，因而其配额应当作为交易性金融资产进行核算，以公允价值进行后续计量，出售时将差价及持有期间公允价值的变动计入投资收益。

对于重点排放企业，其属于本核算体系的重点，基于前文对《征求意见稿》的归纳分析，针对其存在的不足之处进行完善修改。主要体现在初始无偿获得的政府排放配额应当按当日公允价值初始入账，并以相同金额计入未确认排放收益，后续每次发生排放行为时均应确认为应付碳排放权，同时冲减未确认排放收益。若未确认排放收益冲减完毕，再发生排放行为时就计入制造费用等科目。若未确认排放收益期末存在余额，则为企业实现的节能减排收益，期末冲减计入投资收益。

表7-2所示为改进后的核算体系。

表7-2 改进后核算体系

交易企业类型	碳排放权交易项目		会计分录	备注
重点排放企业	初始无偿获得并自用		借：碳排放权——政府配额 贷：未确认排放收益	①碳排放权核算企业拥有的碳排放权
	无偿取得后出售		借：银行存款或应收账款 贷：碳排放权——政府配额	
	实际排放行为发生时，以当日公允价值入账		借：未确认排放收益或制造费用 贷：应付碳排放权	
	资产负债表日，调整至当日公允价值		借：公允价值变动损益 贷：应付碳排放权或相反分录	②应付碳排放权核算企业实际排放额
	超额排放时	在市场上购入用于清缴	借：碳排放权——购买配额 贷：银行存款等期末调整至公允价值	
	未超额排放时	冲减未确认排放收益	借：未确认排放收益 贷：投资收益——碳排放权收益	
	实际履约时		借：应付碳排放权 贷：碳排放权 公允价值变动损益（借方）	③超额排放部分计入制造费用等，未超额排放冲减未确认排放收益
CCER纯供应者	初始确认	归集开发过程实际支出	借：开发支出 贷：应付职工薪酬/工程物资等	
		核证完成后确认存货	借：存货——碳排放权 贷：开发支出	
	对外出售		借：银行存款或应收账款等 贷：营业收入同时结转成本等	
金融中间商	作为交易性金融资产确认及后续处理			

8 碳排放权会计信息列报与披露

大多数大型企业每年都会对外公布其社会责任书，在社会责任书中有一模块就是有关其承担保护环境的社会责任。在该部分内容中，企业会公布本年度减排指标完成情况、节能减排项目完成情况、采取的节能减排措施等信息。中国碳排放权交易网会公布大额的、具有重要意义的碳排放权交易信息，包括交易时间、交易双方、交易数量等。一些交易企业也会对外披露其大额的、重要的碳排放权交易信息，但大多都是定性的描述，实用性不高。由于没有规范的碳排放权核算准则，大多数交易企业并未对碳排放权进行会计核算入账，也没有进行会计确认，故在企业的财务报告中并未披露碳排放权会计信息及其交易信息。

《征求意见稿》中规定了重点排放企业应当在资产负债表中单独设置会计科目列报碳排放权及应付碳排放权的账面价值，并要求在财务报告附注中披露碳排放相关信息、会计政策及变动情况等。本书在此基础上，进行了相应地修改使之完善，得出如下三种碳排放权会计信息披露方式。

8.1 财务报表内披露

8.1.1 资产负债表

根据《征求意见稿》规定，参与碳排放权交易的企业应在资产负债表资产方"存货"和"一年内到期的非流动资产"两个项目之间设置"碳排放权"项目,在"碳排放权"科目列报其期末账面价值;同时应在"应付账款"和"预收账款"两个项目之间设置"应付碳排放权"项目,在"应付碳排放权"科目列报其期末账面价值。资产负债表是根据流动性进行排序的,碳排放权可在碳排放权市场上自由交易,流动性很强,并且其流动性明显强于存货及应收账款等,所以书文认为碳排放权应当列示于应收票据之前,在以公允价值计量且其变动计入当期损益的金融资产之后。

重点排放企业拥有的碳排放权在"碳排放权"科目核算,而CCER纯供应者在"存货"科目核算碳排放权,金融中间商则在"交易性金融资产"科目核算碳排放权。故CCER纯供应者和金融中间商应分别在"存货"及"以公允价值计量且其变动计入当期损益的金融资产"两个科目中列示相关的碳排放权。

碳排放权及应付碳排放权在资产负债表中列示如表8-1所示(涉及科目加粗标明)。

表8-1　资产负债表

编制单位:　　　　　　　_____年_____月_____日　　　　　单位:元

资产	期末金额	上年年末余额	负债和所有者权益	期末金额	上年年末余额
流动资产:			流动负债:		
货币资金			短期借款		
交易性金融资产			交易性金融负债		
衍生金融资产			衍生金融负债		
碳排放权			应付票据		
应收票据			应付账款		
应收账款			**应付碳排放权**		
应收款项融资			预收款项		
预付款项			合同负债		
其他应收款			应付职工薪酬		

资产	期末金额	上年年末余额	负债和所有者权益	期末金额	上年年末余额
存货			应交税费		
合同资产			其他应付款		
持有待售资产			持有待售负债		
一年内到期的非流动资产			一年内到期的非流动负债		
其他流动资产			其他流动负债		
流动资产合计			非流动负债:		
非流动资产:			长期借款		
债权投资			应付债券		
其他债权投资			其中:优先股		
长期应收款			永续债		
长期股权投资			租赁负债		
其他权益工具投资			长期应付款		
其他非流动金融资产			预计负债		
投资性房地产			递延收益		
固定资产			递延所得税负债		
在建工程			其他非流动负债		
生物性生物资产			非流动负债合计		
油气资产			负债合计		
使用权资产			所有者权益:		
无形资产			实收资本		
开发支出			其他权益工具		
商誉			其中:优先股		
长期待摊费用			永续债		
递延所得税资产			资本公积		
其他非流动资产			减:库存股		
非流动资产合计			其他综合收益		
			专项储备		
			盈余公积		

资产	期末金额	上年年末余额	负债和所有者权益	期末金额	上年年末余额
			未分配利润		
			所有者权益合计		
资产总计			负债和所有者权益总计		

8.1.2　利润表

为了体现对碳排放权交易事项的重视，重点排放企业碳排放权公允价值变动带来的损益应在公允价值变动损益下设一个明细科目"公允价值变动损益——碳排放权公允价值变动"，以反映其公允价值变动带来的损益，企业实现节能减排获得的排放收益则记录在"投资收益——减排收益"下，两个明细科目均应在利润表中单独披露。重点排放企业超额排放带来的成本计入制造费用，该科目最后结转计入营业成本。CCER纯供应者及金融中间商分别参照存货（营业收入、营业成本等）和交易性金融资产（公允价值变动损益、投资收益等）在利润表中列示相关损益。

碳排放交易事项带来的损益变动在利润表中列示如表8-2所示（涉及科目加粗标明）。

表8-2　利润表

编制单位：　　　　　　年　　　月　　　日　　　　　单位：元

项目	本期金额	上期金额
一、营业收入		
减：营业成本		
税金及附加		
销售费用		

项目	本期金额	上期金额
管理费用		
研发费用		
财务费用		
其中：利息费用		
利息收入		
加：其他收益		
投资收益（损失以"－"号填列）		
其中：对联营企业和合营企业的投资收益		
以摊余成本计量的金融资产终止确认收益（损失以"－"号填列）		
减排收益		
净敞口套期收益（损失以"－"号填列）		
公允价值变动收益（损失以"－"号填列）		
其中：碳排放权公允价值变动		
信用减值损失（损失以"－"号填列）		
资产减值损失（损失以"－"号填列）		
资产处置收益（损失以"－"号填列）		
二、营业利润（亏损以"－"号填列）		
加：营业外收入		
减：营业外支出		
三、利润总额（亏损总额以"－"号填列）		
减：所得税费用		
四、净利润（净亏损以"－"号填列）		
（一）持续经营净利润（净亏损以"－"号填列）		
（二）终止经营净利润（净亏损以"－"号填列）		

项目	本期金额	上期金额
五、其他综合收益的税后净额		
（一）不能重分类进损益的其他综合收益		
1. 重新计量设定受益计划变动额		
2. 权益法下不能转损益的其他综合收益		
3. 其他权益工具投资公允价值变动		
4. 企业自身信用风险公允价值变动		
……		
（二）将重分类进损益的其他综合收益		
1. 权益法下可转损益的其他综合收益		
2. 其他债权投资公允价值变动		
3. 金融资产重分类计入其他综合收益的金额		
4. 其他债权投资信用减值准备		
5. 现金流量套期储备		
6. 外币财务报表折算差额		
……		
六、综合收益总额		
七、每股收益：		
（一）基本每股收益		
（二）稀释每股收益		

8.1.3 现金流量表

对于重点排放企业，其持有碳排放权主要还是为了满足日常经营活动需要，故购买出售带来的现金流量属于经营活动现金流量，还应在现金流量表中增设新的项目来单独反映碳排放权交易带来的现金流量。CCER 纯供应者出售其拥有的 CCER 收到的现金，属于经营活动中的"销售商品、提供劳务收到的现金"项目。金融中间商出售碳排放权收到的现金，属于投资活动中"收回投资收到的现金"项目，购买碳排放权支付的现金属于投资活动中"投资支付的现金"项目。值得说明的是，如果重点排放企业将碳排放权当作金融资产进行管理，获取投资收益，那么相关的现金流量应参照金融中间商进行处理。

碳排放权交易事项的现金流量在现金流量表中列示如表 8－3（新增项目加粗标明）：

表 8－3　现金流量表

编制单位：　　　　　　　　　年　　　　月　　　　日　　　　单位：元

项目	本期金额	上期金额
一、经营活动产生的现金流量：		
销售商品、提供劳务收到的现金		
收到的税费返还		
出售碳排放权收到的现金		
收到其他与经营活动有关的现金		
经营活动现金流入小计		
购买商品、接受劳务支付的现金		
支付给职工以及为职工支付的现金		
支付的各项税费		
购买碳排放权支付的现金		
支付其他与经营活动有关的现金		
经营活动现金流出小计		
经营活动产生的现金流量净额		
二、投资活动产生的现金流量：		
收回投资收到的现金		
取得投资收益收到的现金		

项目	本期金额	上期金额
处置固定资产、无形资产和其他长期资产收回的现金净额		
处置子公司及其他营业单位收到的现金净额		
收到其他与投资活动有关的现金		
投资活动现金流入小计		
购建固定资产、无形资产和其他长期资产支付的现金		
投资支付的现金		
取得子公司及其他营业单位支付的现金净额		
支付其他与投资活动有关的现金		
投资活动现金流出小计		
投资活动产生的现金流量净额		
三、筹资活动产生的现金流量：		
吸收投资收到的现金		
取得借款收到的现金		
收到其他与筹资活动有关的现金		
筹资活动现金流入小计		
偿还债务支付的现金		
分配股利、利润或偿付利息支付的现金		
支付其他与筹资活动有关的现金		
筹资活动现金流出小计		
筹资活动产生的现金流量净额		
四、汇率变动对现金及现金等价物的影响		
五、现金及现金等价物净增加额		
加：期初现金及现金等价物余额		
六、期末现金及现金等价物余额		

8.2　财务报告附注披露

对于碳排放权信息披露内容，应做到系统性、全面性，整体完整地披露企业的碳排放权交易信息、拥有的碳排放权及碳排放权核算信息等。交易企业在财务报表内披露的只是碳排放权相关的期末余额、经营期间碳排放权交易带来的损益变动及现金流量，并没有详细披露相关的碳排放权交易信息。

交易企业财务报告附注中应当披露碳排放权相关的会计政策和公允价值获取渠道，并详细披露相关信息，比如期初余额（无偿分配配额）、本期增加变动（购买、出售等）、期末余额、上期发生额、本期发生额等，解释重大异常变化、重大碳排放权交易、异常排放行为等重大信息。

碳排放权附注中披露本期变动如表8-4所示。

表8-4　碳排放权附注披露表

碳排放权	期初数		本期增加				本期减少				期末数	
	数量	金额	增加方式（分配/购买/核证）	增加时间	增加数量	增加金额	减少方式（出售/履约）	减少时间	减少数量	减少金额	数量	金额
政府配额												
CCER												

应付碳排放权附注中披露本期变动如表8-5所示。

表8-5　应付碳排放权附注披露表

科目	期初数		本期排放增加			本期履约减少			期末数	
	数量	金额	排放时间	排放数量	排放金额	履约时间	履约数量	履约金额	数量	金额
应付碳排放权										

8.3　碳排放权报告书

除了在财务报告中披露，重点排放企业还应当编制碳排放权报告书，单独披露其拥有的碳排放权各项信息。在碳排放权报告书中，应当先披露企业的基本情况，再披露企业碳排放权交易相关的信息，其中最重要的披露方式是碳排放权变动情况表。碳排放权报告书主要包括以下两部分内容：

第一部分是企业的基本情况，包括公司的基本概况、重大环保事项、主要排放物的种类及大致比例、碳排放战略措施及环保达标情况等。前四项内容主要采用定性描述，但环保达标情况应当采用定量描述，从而让相关信息使用者对该企业有个全面概括的认识。该部分信息应当在碳排放权报告书中进行披露。

第二部分是企业碳排放权交易情况，包括本期碳排放权交易情况、拥有的碳排放权基本情况、本期碳排放权变动情况表及碳排放年度报告等。该部分信息也应当在碳排放权报告书中专门披露，主要体现在碳排放权变动情况表中。

《征求意见稿》给出了碳排放权变动情况表，要求排放企业每年披露本年度碳排放权数量及金额，本书在此基础上，结合本书改进后的核算体系，对其进行了相应的修改和完善，完善后碳排放权披露内容及格式如表 8-6 所示。

表 8-6 ××年度碳排放权变动情况表

项目	数量（万吨）	金额（万元）
一、本期碳排放权		
1. 上期配额及 CCER 等可结转使用的碳排放权		
2. 本期增加		
（1）本期政府分配的配额		
（2）本期实际购入碳排放权		
（3）本期新增的 CCER		
（4）其他		
3. 本期减少		
（1）本期出售配额		
（2）自愿注销配额		
二、本期应付碳排放权		
三、期末可结转使用的配额		
四、超额排放		
1. 计入成本		
2. 计入损益		
五、本期损益的公允价值变动（损失以"-"号列报）		
1. 因碳排放权期末公允价值变动		
2. 因应付碳排放权期末公允价值变动		
3. 日常排放结算计入		
六、本期投资收益		

9 深圳能源碳交易实例分析

本书选定深圳能源集团股份有限公司（简称深圳能源）作为实例对其进行分析，主要采用《征求意见稿》核算体系和改进后的核算体系两个体系对其分别进行核算。在两个核算体系下又分超额排放和节能减排两种情况，需要在两种情况下分别进行核算。由于对《征求意见稿》的碳排放权披露内容及方式进行了相应修改，故只在本书改进后的核算体系下披露碳排放权。在前文的核算数据下，主要对改进前后的核算体系、碳排放权核算前后进行对比分析，并分析碳排放权核算后对主要财务指标的影响。

9.1 深圳能源公司简介

该公司成立于 1991 年 6 月，1993 年 9 月在深圳证券交易所上市，是全国电力行业第一家在深圳上市的大型股份制企业。截至 2016 年底，深圳能源拥有的总资产达 627 亿元，净资产达270 亿元。深圳能源现在拥有 34 家成员企业，主要战略是实现能源电力、能源环保、城市燃气等相关产业综合发展。

深圳能源积极参与各类碳排放权交易，很多碳排放权交易均具有里程碑意义。作为一个大型上市公司，深圳能源积极践行自己的社会责任，努力树立自己"诚信、绩优、规范、环保"的形象。深圳能源完成了深圳市首单配额交易、首单跨境配额交易、国内最大一笔碳排放权配额置换交易，这些实例有很大的研究意义。故本书选择深圳能源参与的碳排放权交易作为实例分析资料,对其进行相应的完善,使之符合本书的实例研究分析目的。

9.2 深圳能源实例简介

9.2.1 深圳首单配额交易实例简介

2013年8月,深圳排放权交易所完成了首单配额交易,即深圳能源将其拥有的碳排放权配额出让给广东中石油国际事业有限公司及汉能控股集团有限公司两家单位,交易量达2万吨,最终成交金额为58万元人民币。

9.2.2 国内首单跨境碳配额交易实例简介

2016年3月19日,深圳排放权交易所完成了国内首单跨境碳资产回购交易业务,也是碳市场启动三年以来最大的单笔碳交易,交易双方分别为深圳能源控股的妈湾电力有限公司和BP公司,交易标的达到400万吨配额。

9.2.3 国内最大单笔碳配额置换交易实例简介

2017年5月,深圳能源控股的妈湾电力与深圳中碳事业新能源环境科技有限公司(简称深圳中碳),在深圳排放权交易所完成了碳排放权置换交易。妈湾电力以其持有的碳排放权配额与深圳中碳的核证自愿减排量(CCER)完成置换,交易方式采取现金加现货,置换CCER规模达68万吨,是目前国内最大单笔碳配额置换交易。

　　根据《深圳市碳排放权交易管理暂行办法》规定，核证自愿减排量（CCER）用于履约的比例不得超过10％，这就是深圳中碳将其拥有的CCER用于置换的实质性原因。深圳中碳拥有过多数量的CCER，无法全额用于履约，而妈湾电力的政府碳排放权配额剩余量充足，缺乏CCER，因此深圳中碳将其拥有的CCER转让给妈湾电力，换取额外的经济收益。

9.3　深圳能源会计核算分析实例

　　以上三例均是深圳能源实际参与的碳排放权交易，在深圳市碳排放权交易历史上均是具有里程碑意义的事件。为了方便后续进行实例会计核算分析，本书假定此三例均发生在2016年。每年深圳市发改委会兼顾节能减排与经济发展的双重需求，结合管控单位实际情况，采取适当的方法完成配额的发放。假定深圳能源2016年度免费获取的碳排放权配额为1200万吨。本书假定在2016年度发生以上三个实例（见图9-1），并结合实际生产经营情况，再分期末超额排放及节能减排两种情况进行期末分析。

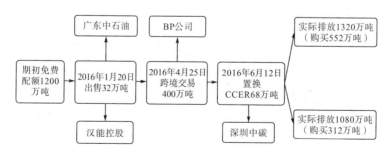

图9-1　深圳能源交易实例图

　　由于一直未出台规范碳排放权会计核算相关的法律法规，所以在实务中企业并未有任何参考依据。本书将参照《征求意见稿》及经改进后的会计处理方法进行账务处理，并针对两种方法，对企业财务数据产生的不同影响进行分析。

碳排放权的公允价值可在中国碳排放权交易网获得，该网站会公布每个交易日七大碳排放权交易机构交易均价及成交量。从中国碳排放权交易网查询得知，2016 年 1 月 20 日深圳排放权交易所交易均价为 43.3 元，2016 年 4 月 25 日深圳排放权交易所交易均价为 45.54 元，2016 年 6 月 12 日深圳排放权交易所交易均价为 39.19 元，2016 年 8 月 30 日深圳排放权交易所交易均价为 25.54 元，2016 年 9 月 30 日深圳排放权交易所交易均价为 31.98 元，2016 年 10 月 31 日深圳排放权交易所交易均价为 29.83 元，2016 年 11 月 30 日深圳排放权交易所交易均价为 26.51 元，2016 年 12 月 31 日深圳排放权交易所交易均价为 29 元（见图 9—2）。

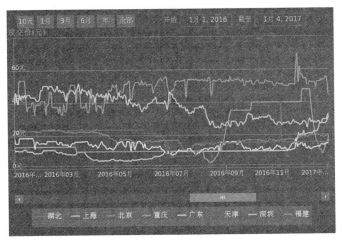

图 9—2 七大交易所 2016 年碳排放权交易价 K 线

由于本书无法得知企业碳排放行为发生的准确时间点，故假定全年均匀发生，使用每月碳排放权交易均价在月末进行核算。从中国碳排放权交易网可以得知深圳排放权交易所 2016 年度各月度碳排放权的总成交额及总成交量，用每月的总成交额除以总成交量即为月均价。本书从中国碳排放权交易网获取相关数据，并对各月碳排放权交易均价进行整理计算，所得结果如表9－1所示。

表9－1 2016年度各月碳交易均价

月份	总成交额（万元）	总成交量（万吨）	月均价（元）
1月	471.18	13.29	35.45
2月	60.65	1.45	41.83
3月	10596.71	419.48	25.26
4月	315.14	9.21	34.22
5月	765.6	21.1	36.28
6月	11816.2	444.7	26.57
7月	477.7	18.41	25.95
8月	301.42	12.07	24.97
9月	210	9.58	21.92
10月	403.92	16.85	23.97
11月	1486.99	64.72	22.98
12月	1654.81	65.69	25.19

图9－3为2016年全年12个月的碳排放权交易均价图。

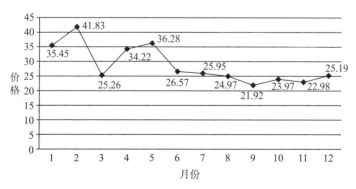

图9－3 深圳排放权交易所2016年碳排放权交易月均价（元）

9.3.1 《征求意见稿》碳排放权核算体系

9.3.1.1 期初获得免费配额

据《征求意见稿》，控排企业免费获得的碳排放权配额不作账务处理，只做备案登记。深圳能源在年初无偿获得碳排放权配额时不作账务处理，只备查登记 1200 万吨。

9.3.1.2 出售配额

2016 年 1 月 20 日，出售 32 万吨碳排放权配额给广东中石油国际事业有限公司及汉能控股集团有限公司。按当日公允价格单价 43.3 元获得银行存款 1385.6 万元。但由于初始的无偿获得未入账，因此出售时不冲减碳排放权，而是作如下会计分录：

借：银行存款　　　　　　1385.6

贷：应付碳排放权　　　　　　1385.6

同时减少备查登记簿中的碳排放权配额 32 万吨，此时企业拥有碳排放权配额 1168 万吨。并且因为此时是年初，拥有充足的碳排放权配额，根据深圳能源实际生产经营情况（估计每月排放 100 万吨），应该未超额排放，故不作账务处理。

9.3.1.3 跨境交易

2016 年 4 月 25 日，BP 公司以其境外资金完成对深圳能源－妈湾电力碳资产的回购交易，实质上即 BP 公司以境外资金购买妈湾电力的碳排放权配额，以支持其在中国境内生产经营的排放需要。本例中将涉及境外资金的汇兑，业务发生当时以当日汇率 8.92 将收取的对价 2042.15 万英镑折算为人民币 18216 万元入账，并作如下会计分录：

借：银行存款　　　　　　　18216

　　贷：应付碳排放权　　　　　　　18216

由于未取得深圳能源实际生产经营情况，无法得知准确的实际碳排放量，只能按每月排放 100 万吨预估其实际排放量 400 万吨（实际企业账务处理可将其实际碳排放量与拥有的碳排放配额进行比对）。同时减少备查登记簿中的碳排放权配额 400 万吨，此时企业拥有碳排放权配额 768 万吨，企业未超额排放，无须账务处理。

9.3.1.4　置换核证自愿减排量（CCER）

本例中首先应分析是否满足非货币性资产交换的条件，若支付现金金额占交易总额的比例低于 25% 则满足非货币性资产交换条件。

2016 年 6 月 12 日，妈湾电力与深圳中碳完成置换交易，所置换的 CCER 规模为 68 万吨，假定双方置换数量均是 68 万吨，所支付现金为两者的价差。碳排放权配额公允价值能够可靠计量且该笔交易具有商业实质，故按交易当日公允单价 39.19 元计量置换碳排放权配额 2664.92 万元，假定价差为 400 万元。由于碳排放权配额未入账，因此两者置换也无须账务处理，只备查登记簿减少碳排放权配额 68 万吨，同时增加 CCER 68 万吨，此时备查登记簿记录 700 万吨碳排放权配额，68 万吨 CCER。《深圳市碳排放权交易管理暂行办法》规定核证自愿减排量（CCER）履约不得超过 10%，因此深圳能源拥有的 68 万吨 CCER 可全部用于履约。

9.3.1.5　企业排放行为核算

在实际账务处理中，企业在每次实际发生超额排放行为时，借记制造费用或生产成本，贷记应付碳排放权。在本书中，因无法获得企业准则的碳排放信息，故假定按照超过年初配额和低于年初配额两种排放情况进行后续分析，本书将在每月月底进行账务结算处理。

1）超额排放

假定深圳能源每月实际碳排放 110 万吨，全年实际碳排放量1320 万吨，超额排放 120 万吨，那么深圳能源将于 2016 年 11月超额排放 10 万吨，2016 年 12 月超额排放 110 万吨。2016 年11 月碳排放权交易均价 22.98 元，11 月实际超额排放 10 万吨，2016 年 11 月 30 日按当月公允价值作如下会计分录：

借：制造费用　　　　　　229.8（22.98×10）

贷：应付碳排放权　　　　229.8

2016 年 12 月碳排放权交易均价 25.19 元，12 月实际超额碳排放 110 万吨，2016 年 12 月 31 日按当月公允价值作如下会计分录：

借：制造费用　　　　　　2770.9（25.19×110）

贷：应付碳排放权　　　　2770.9

2）节能减排

假定深圳能源每月实际碳排放 90 万吨，深圳能源全年排放1080 万吨，未超额排放，无须进行后续账务处理。

9.3.1.6　期末购入履约碳排放权

1）超额排放

如果深圳能源全年实际碳排放量为 1320 万吨，超额排放120 万吨，由于前期出售了 432 万吨碳排放权配额，企业拥有700 万吨碳排放权政府配额，68 万吨 CCER，在履约时一份CCER 等同于一份碳排放权配额，所以期末需购买 552 万吨碳排放权用于本年度碳排放履约。期末深圳排放权交易所交易均价为29 元，按当日公允价格购买 552 万吨碳排放权配额，作如下会计分录：

借：碳排放权——购买配额　　　16008

　　贷：银行存款或应付账款　　　　　　16008

同时将应付碳排放权调整至期末公允价值 16008 万元（原账面价值 22602.3 万元，552 吨），借记应付碳排放权 6594.3 万元，贷记公允价值变动损益 6594.3 万元。

2016 年 12 月 31 日调整至期末公允价值：

借：应付碳排放权　　　　　　6594.3

　　贷：公允价值变动损益　　　　　　6594.3

2）节能减排

如果深圳能源全年实际碳排放量为 1080 万吨，节约碳排放配额 120 万吨，同样由于前期出售了 432 万吨碳排放权配额，企业拥有 700 万吨碳排放权政府配额，68 万吨 CCER，此时只需购买 312 万吨碳排放权配额用于本年度履约，相当于企业将节约的 120 万吨碳排放权配额出售并获得了投资收益。期末 2016 年 12 月 31 日深圳排放权交易所交易均价为 29 元，按当日公允价格购买 312 万吨碳排放权配额，作如下会计分录：

借：碳排放权——购买配额　　　9048

　　贷：银行存款或应付账款　　　　　　9048

同时将应付碳排放权调整至期末公允价值 9048 万元（原账面价值 19601.6 万元，432 万吨），冲减节约碳排放权配额 120 万吨计入的应付碳排放权，计入投资收益，借记应付碳排放权 10553.6 万元，贷记公允价值变动损益 5108.71（19601.6÷432×312－9048）万元及投资收益 5444.89（19601.6÷432×120）万元。

2016 年 12 月 31 日按公允价值确认损益：

借：应付碳排放权　　　　　　10553.6

　　贷：公允价值变动损益　　　　　　5108.71

　　　　投资收益　　　　　　　　　　5444.89

9.3.2 改进后的碳排放权核算体系

9.3.2.1 期初获得免费配额

企业初始无偿获得的碳排放权政府配额满足资产确认的条件，应当确认为资产入账，同时碳排放权属于企业特殊资产，具有专项用途，专门用于满足企业日常生产经营过程中的碳排放行为，计入未确认排放收益。深圳能源在年初无偿获得的 1200 万吨碳排放权配额按 2016 年 1 月 1 日碳排放权交易公允价格 40.24 元入账，借记碳排放权——政府配额 48288 万元，贷记未确认排放收益 48288 万元。

2016 年 1 月 1 日无偿获得政府配额：

借：碳排放权——政府配额　　　　　　48288

贷：未确认排放收益　　　　　　　　　　　　48288

未确认排放收益与未确认融资收益性质类似，未确认融资收益属于长期应付款的备抵项目，但未确认排放收益应当按当月实际排放量乘以发放日公允价格 40.24 元进行冲销，与结算日价格的差异计入公允价值变动损益，如期末存在余额，则应当冲减计入损益，作为企业节能减排收益。

在改进后的核算体系下，排放企业确认了初始无偿获得的碳排放权，但由于未确认排放收益属于碳排放权的附加备抵项目，在财务报表列示时应当在碳排放权账面价值减去未确认排放收益账面余额后列示，故未虚增企业的资产规模。在后续企业排放行为发生时，排放企业在冲减未确认排放收益的同时会确认应付碳排放权，这将同时增加资产规模及负债总额，并不会影响企业的营运资本，但是由于分子分母同时增加相同数额，可能会影响资产负债率、流动比率等相对数财务指标。

9.3.2.2 出售配额

2016 年 1 月 20 日，出售 32 万吨碳排放权配额给广东中石油国际事业有限公司及汉能控股集团有限公司。按当日公允价格单价 43.3 元获得银行存款 1385.6 万元，作如下会计分录：

借：银行存款   1385.6

贷：碳排放权——政府配额   1385.6

在《征求意见稿》账务处理中，不初始确认无偿获得的政府配额，故在出售配额无法冲减碳排放权科目，而是确认负债类科目应付碳排放权，这与一般出售资产逻辑不符。而在改进后的核算体系中，由于初始确认了无偿获得的碳排放权 48288 万元，所以在出售政府配额可以冲减资产碳排放权 1385.6 万元，使得该项交易符合资产交易一般核算逻辑。虽然未确认排放收益属于碳排放权的附加备抵项目，但由于碳排放权存在的主要目的是满足企业日常生产经营过程中的排放需要，故目前出售节点不冲减未确认排放收益，而在企业日常生产排放过程中冲减未确认排放收益。排放企业在年度中间出售碳排放权，并不能确定本年度是否能实现节能减排，即不能确定以后期间是否需要购入碳排放权用于履约。基于以上逻辑，排放企业在出售政府配额时并不确认损益，而只有在年度终了时，若未确认排放收益还存在期末余额，则证明企业在政府分配的碳排放权配额内实现了节能减排，此时应当将未确认排放收益余额冲减，同时确认投资收益——排放收益。

9.3.2.3 出售配额

2016 年 4 月 25 日，BP 公司以其境外资金完成对深圳能源——妈湾电力碳资产回购交易，实质上即 BP 公司以境外资金购买妈湾电力的碳排放权配额，以支持其在中国境内生产经营的排放需要。按当日公允价值单价 45.54 元将获得人民币 18216 万元，本例中将涉及境外资金的汇兑，业务发生当时以当日汇率 8.92 将收取的对价 2042.15 万英镑折算为人民币 18216 万元入账，作如下会计分录：

借：银行存款　　　　　　　　　　18216

　贷：碳排放权——政府配额　　　　18216

本例实质也是妈湾电力出售其拥有的政府配额，只是涉及境外资金汇率折算问题，在改进后的核算体系中，碳排放权出售及购买均不涉及应付碳排放权科目核算，应付碳排放权科目仅核算企业的实际碳排放行为（不论是否超额排放）。而在《征求意见稿》核算体系中，应付碳排放权科目不仅核算企业超额排放时计入应付碳排放权的金额，而且还核算排放企业在年度期间出售的碳排放权，这是因为判定排放企业是否超额排放是以政府无偿分配的配额为基础的。若企业超额排放，则应付碳排放权核算的就是实际排放量与实际拥有的配额之间的那部分差额；若企业未超额排放，则应付碳排放权核算的就是排放企业出售的那部分配额，并将节能减排的那部分配额（即政府配额大于实际排放量的部分）确认的应付碳排放权确认为投资收益。在该逻辑下，认为排放企业年度期间出售的碳排放权均需要后续购入用于履约，故出售时应确认为应付碳排放权。这样一来，碳排放权科目与应付碳排放权科目之间的对应关系并不清晰，而在改进后的核算体系中，碳排放权科目核算的是排放企业拥有的所有碳排放权配额，应付碳排放权科目核算的是排放企业的实际排放量，逻辑对应关系清晰明了，便于信息使用者识别相关信息。

9.3.2.4　置换 CCER

本例中首先应分析是否满足非货币性资产交换的条件，若支付现金金额占交易总额的比例低于 25% 则满足非货币性资产交换条件。

2016 年 6 月 12 日，妈湾电力与深圳中碳完成置换交易，所置换的 CCER 规模为 68 万吨，假定双方置换数量均是 68 万吨，所支付现金为两者的价差。碳排放权配额公允价值能够可靠计量且该笔交易具有商业实质，故按交易当日公允单价 39.19 元计量置换碳排放权配额 2664.92 万元，假定价差为 400 万元。现金金额交易总额比例 15.01%（400/2664.92），满足非货币性资产交换条件。故 2016 年 6 月 12 日深圳能源作如下账务处理：

借：碳排放权——CCER 2264.92

银行存款 400.00

贷：碳排放权——政府配额 2664.92

在《征求意见稿》核算中，由于初始无偿获得的政府配额未进行账务处理，故上述交易无须进行会计处理，只在备查登记簿中做记录即可。而在改进后的核算体系中，无偿获得的政府配额及 CCER 均应在碳排放权一级核算科目下设二级明细科目，进行后续账务处理。妈湾电力置换而来的 68 万吨 CCER 属于其资产，应当进行初始确认，会计确认 CCER 才能客观真实地反映企业交易情况及资产状况。本次置换交易实质上相当于交易双方碳排放权明细产品的政府配额及 CCER 之间的置换，根据《深圳市碳排放权交易管理暂示办法》规定，核证自愿减排量 CCER 履约不得超过 10%，因此深圳能源拥有的 68 万吨 CCER 可全部用于履约。

9.3.2.5 企业排放行为核算

在实际账务处理中，企业在每次实际发生排放行为时，均应借记制造费用或生产成本，贷记应付碳排放权。在本书中，因无法获得企业准则的碳排放信息，故假定按照超过年初配额和低于年初配额两种排放情况进行后续分析，本书将在每月底进行账务结算处理。

1）超额排放

假定深圳能源每月实际碳排放 110 万吨，全年实际碳排放量

1320 万吨，超额排放 120 万吨。2016 年 1 月碳排放权交易均价
35.45 元，2016 年 1 月 31 日按当月公允价格均价借记未确认排
放收益 4426.4 万元（40.24×110），贷记应付碳排放权 3899.5
万元（35.45×110）及公允价值变动损益 526.9 万元。

2016 年 1 月 31 日结算当月排放行为：

借：未确认排放收益　　　　　　　　　4426.4

　　贷：应付碳排放权　　　　　　　　　　　3889.5

　　　　公允价值变动损益　　　　　　　　　　526.9

2016 年 2 月碳排放权交易均价 41.82 元，2016 年 2 月 28 日
按当月公允价格均价借记未确认排放收益 4426.4 万元，贷记应
付碳排放权 4600.2 万元（41.82×110）及公允价值变动损益
173.8 万元。

2016 年 2 月 28 日结算当月排放行为：

借：未确认排放收益　　　　　　　　4426.4

　　贷：应付碳排放权　　　　　　　　　　　4600.2

　　　　公允价值变动损益　　　　　　　　　　173.8

以后未超额排放的每个月末都参照以上账务处理进行核算，
2016 年 3 月碳排放权交易均价 25.26 元，2016 年 3 月 31 日按当月
公允价格均价借记未确认排放收益 4426.4 万元，贷记应付碳排放
权 2778.6 万元（25.26×110）及公允价值变动损益 1647.8 万元。

2016 年 3 月 31 日结算当月排放行为：

借：未确认排放收益　　　　　　　　4426.4

　　贷：应付碳排放权　　　　　　　　　　　2778.6

　　　　公允价值变动损益　　　　　　　　　1647.8

2016 年 4 月碳排放权交易均价 34.22 元，2016 年 4 月 30 日
按当月公允价格均价借记未确认排放收益 4426.4 万元，贷记应
付碳排放权 3764.2 万元（34.22×110）及公允价值变动损益
662.2 万元。

2016 年 4 月 30 日结算当月排放行为：

借：未确认排放收益　　　　　　4426.4

　　贷：应付碳排放权　　　　　　　　　　3764.2

　　　　公允价值变动损益　　　　　　　　　662.2

2016 年 5 月碳排放权交易均价 36.28 元，2016 年 5 月 31 日按当月公允价格均价借记未确认排放收益 4426.4 万元，贷记应付碳排放权 3990.8 万元（36.28×110）及公允价值变动损益435.6 万元。

2016 年 5 月 31 日结算当月排放行为：

借：未确认排放收益　　　　　　4426.4

　　贷：应付碳排放权　　　　　　　　　　3990.8

　　　　公允价值变动损益　　　　　　　　　435.6

2016 年 6 月碳排放权交易均价 26.57 元，2016 年 6 月 30 日按当月公允价格均价借记未确认排放收益 4426.4 万元，贷记应付碳排放权 2922.7 万元（26.57×110）及公允价值变动损益1503.7 万元。

2016 年 6 月 30 日结算当月排放行为：

借：未确认排放收益　　　　　　4426.4

　　贷：应付碳排放权　　　　　　　　　　2922.7

　　　　公允价值变动损益　　　　　　　　1503.7

2016 年 7 月碳排放权交易均价 25.95 元，2016 年 7 月 31 日按当月公允价格均价借记未确认排放收益 4426.4 万元，贷记应付碳排放权 2854.5 万元（25.95×110）及公允价值变动损益1571.9 万元。

2016 年 7 月 31 日结算当月排放行为：

借：未确认排放收益　　　　　　4426.4

　　贷：应付碳排放权　　　　　　　　　　2854.5

　　　　公允价值变动损益　　　　　　　　1571.9

2016 年 8 月碳排放权交易均价 24.97 元，2016 年 8 月 30 日按当月公允价值借记未确认排放收益 4426.4 万元，贷记应付碳排放权 2746.7 万元（24.97×110）及公允价值变动损益 1679.7 万元。

2016 年 8 月 30 日结算当月排放行为：

借：未确认排放收益　　　　　　　4426.4

　　贷：应付碳排放权　　　　　　　　　　　2746.7

　　　公允价值变动损益　　　　　　　　　　1679.7

2016 年 9 月碳排放权交易均价 21.92 元，2016 年 9 月 30 日按当月公允价值借记未确认排放收益 4426.4 万元，贷记应付碳排放权 2411.2 万元（21.92×110）及公允价值变动损益 2015.2 万元。

2016 年 9 月 30 日结算当月排放行为：

借：未确认排放收益　　　　　　　4426.4

　　贷：应付碳排放权　　　　　　　　　　　2411.2

　　　公允价值变动损益　　　　　　　　　　2015.2

2016 年 10 月碳排放权交易均价 23.97 元，2016 年 10 月 31 日按当月公允价值借记未确认排放收益 4426.4 万元，贷记应付碳排放权 2636.7 万元（23.97×110）及公允价值变动 1789.7 万元。

2016 年 10 月 31 日结算当月排放行为：

借：未确认排放收益　　　　　　　4426.4

　　贷：应付碳排放权　　　　　　　　　　　2636.7

　　　公允价值变动损益　　　　　　　　　　1789.7

2016 年 11 月碳排放权交易均价 22.98 元，2016 年 11 月 30 日按当月公允价值借记未确认排放收益 4024 万元及制造费用 229.8 万元（22.98×10，期初政府配额仅剩余 100 万吨，实际排放 110 万吨），贷记应付碳排放权 2527.8 万元（22.98×110）

及公允价值变动损益 1726 万元。

2016 年 11 月 30 日结算当月排放行为：

借：未确认排放收益　　　　4024

　　制造费用　　　　　　　229.8

　　贷：应付碳排放权　　　　　　　　　2527.8

　　　　公允价值变动损益　　　　　　　　　1726

2016 年 12 月碳排放权交易均价 25.19 元，2016 年 12 月 31 日按当月公允价值借记制造费用 2770.9 万元（25.19×110），贷记应付碳排放权 2770.9 万元。

2016 年 12 月 31 日结算当月排放行为：

借：制造费用　　　　　　　2770.9

　　贷：应付碳排放权　　　　2770.9

2）节能减排

假定深圳能源每月实际碳排放 90 万吨，深圳能源全年排放 1080 万吨，未超额排放。2016 年 1 月碳排放权交易均价 35.45 元，2016 年 1 月 31 日按当月公允价格均价借记未确认排放收益 3621.6 万元（40.24×90），贷记应付碳排放权 3190.5 万元（35.45×90）及公允价值变动损益 431.1 万元。

2016 年 1 月 31 日结算当月排放行为：

借：未确认排放收益　　　　3621.6

　　贷：应付碳排放权　　　　　　　　3190.5

　　　　公允价值变动损益　　　　　　　431.1

2016 年 2 月碳排放权交易均价 41.82 元，2016 年 2 月 28 日按当月公允价格均价借记未确认排放收益 3621.6 万元，贷记应付碳排放权 3763.8 万元（41.82×90）及公允价值变动损益 142.2 万元。

2016 年 2 月 28 日结算当月排放行为：

借：未确认排放收益　　　　3621.6

  贷：应付碳排放权   3763.8

    公允价值变动损益   142.2

  由于企业不会超额排放，所以以后每个月末都按照上述方法进行账务处理。2016 年 3 月碳排放权交易均价 25.26 元，2016 年 3 月 31 日按当月公允价格均价借记未确认排放收益 3621.6 万元，贷记应付碳排放权 2273.4 万元（25.26×90）及公允价值变动损益 1348.2 万元。

  2016 年 3 月 31 日结算当月排放行为：

  借：未确认排放收益   3621.6

    贷：应付碳排放权   2273.4

      公允价值变动损益   1348.2

  2016 年 4 月碳排放权交易均价 34.22 元，2016 年 4 月 30 日按当月公允价格均价借记未确认排放收益 3621.6 万元，贷记应付碳排放权 3079.8 万元（34.22×90）及公允价值变动损益 541.8 万元。

  2016 年 4 月 30 日结算当月排放行为：

  借：未确认排放收益   3621.6

    贷：应付碳排放权   3079.8

      公允价值变动损益   541.8

  2016 年 5 月碳排放权交易均价 36.28 元，2016 年 5 月 31 日按当月公允价格均价借记未确认排放收益 3621.6 万元，贷记应付碳排放权 3265.2 万元（36.28×90）及公允价值变动损益 356.4 万元。

  2016 年 5 月 31 日结算当月排放行为：

  借：未确认排放收益   3621.6

    贷：应付碳排放权   3265.2

      公允价值变动损益   356.4

  2016 年 6 月碳排放权交易均价 26.57 元，2016 年 6 月 30 日按当月公允价格均价借记未确认排放收益 3621.6 万元，贷记应

付碳排放权 2391.3 万元（26.57×90）及公允价值变动损益
1230.3 万元。

2016 年 6 月 30 日结算当月排放行为：

借：未确认排放收益　　　　　3621.6

　　贷：应付碳排放权　　　　　　　　　　2391.3

　　　　公允价值变动损益　　　　　　　　1230.3

2016 年 7 月碳排放权交易均价 25.95 元，2016 年 7 月 31 日
按当月公允价格均价借记未确认排放收益 3621.6 万元，贷记应
付碳排放权 2335.5 万元（25.95×90）及公允价值变动损益
1286.1 万元。

2016 年 7 月 31 日结算当月排放行为：

借：未确认排放收益　　　　　3621.6

　　贷：应付碳排放权　　　　　　　　　　2335.5

　　　　公允价值变动损益　　　　　　　　1286.1

2016 年 8 月碳排放权交易均价 24.97 元，2016 年 8 月 30 日按
当月公允价值借记未确认排放收益 3621.6 万元，贷记应付碳排放
权 2247.3 万元（24.97×90）及公允价值变动损益 1374.3 万元。

2016 年 8 月 30 日结算当月排放行为：

借：未确认排放收益　　　　　3621.6

　　贷：应付碳排放权　　　　　　　　　　2247.3

　　　　公允价值变动损益　　　　　　　　1374.3

2016 年 9 月碳排放权交易均价 21.92 元，2016 年 9 月 30 日按
当月公允价值借记未确认排放收益 3621.6 万元，贷记应付碳排放
权 1972.8 万元（21.92×90）及公允价值变动损益 1648.8 万元。

2016 年 9 月 30 日结算当月排放行为：

借：未确认排放收益　　　　　3621.6

　　贷：应付碳排放权　　　　　　　　　　1972.8

　　　　公允价值变动损益　　　　　　　　1648.8

2016 年 10 月碳排放权交易均价 23.97 元，2016 年 10 月 31 日按当月公允价值借记未确认排放收益 3621.6 万元，贷记应付碳排放权 2157.3 万元（23.97×90）及公允价值变动损益 1464.3 万元。

2016 年 10 月 31 日结算当月排放行为：

借：未确认排放收益　　　　　　3621.6

　　贷：应付碳排放权　　　　　　　　　　2157.3

　　　　公允价值变动损益　　　　　　　　1464.3

2016 年 11 月碳排放权交易均价 22.98 元，2016 年 11 月 30 日按当月公允价值借记未确认排放收益 3621.6 万元，贷记应付碳排放权 2068.2 万元（22.98×90）及公允价值变动损益 1553.4 万元。

2016 年 11 月 30 日结算当月排放行为：

借：未确认排放收益　　　　　　3621.6

　　贷：应付碳排放权　　　　　　　　　　2068.2

　　　　公允价值变动损益　　　　　　　　1553.4

2016 年 12 月碳排放权交易均价 25.19 元，2016 年 12 月 31 日按当月公允价值借记未确认排放收益 3621.6 万元，贷记应付碳排放权 2267.1 万元及公允价值变动损益 1354.5 万元。

2016 年 12 月 31 日结算当月排放行为：

借：未确认排放收益　　　　　　3621.6

　　贷：应付碳排放权　　　　　　　　　　2267.1

　　　　公允价值变动损益　　　　　　　　1354.5

期末未确认排放收益账面余额 4828.8 万元系企业真正实现的节能减排收益，将其冲减进入本期投资收益——碳排放权收益 4828.8 万元。

2016 年 12 月 31 日结转节能减排收益：

借：投资收益　　　　　　　　　4828.8

　　贷：未确认排放收益　　　　　　　　　　4828.8

　　在《征求意见稿》的核算中，排放企业只有发生超额排放时才计入制造费用等科目，超额排放是指累计排放量大于初始无偿获得的政府配额。在改进后的核算体系中，实质是一样的，在企业超额排放前冲减未确认排放权收益，并不影响相关的成本费用或损益，只有在超额排放时才确认制造费用等。在改进后的核算体系中，每次核算排放行为时均确认公允价值变动损益，更加真实地反映了碳排放权公允价值变动情况，也更加真实公允地反映了排放企业采用公允价值模式核算碳排放权对企业经营损益的影响以及碳排放权交易的实质。

9.3.2.6　期末购入履约碳排放权

1）超额排放

　　如果深圳能源全年实际碳排放量为1320万吨，超额排放120万吨，由于前期出售了432万吨碳排放权配额，企业拥有700万吨碳排放权政府配额，68万吨CCER，所以期末需购买552万吨碳排放权用于本年度碳排放履约。期末深圳碳排放权交易所交易均价29元，按当日公允价格购买552万吨碳排放权配额，作如下会计分录：

　　借：碳排放权——购买配额　　　　　　16008
　　　　贷：银行存款或应付账款　　　　　　　　16008

　　同时将碳排放权及应付碳排放权调整至期末公允价值38280万元（原碳排放权账面价值44294.4万元、原应付碳排放权账面价值37903.8万元，1320万吨），借记公允价值变动损益6390.6万元，贷记碳排放权——政府配额5721.48万元及碳排放权——CCER 292.92万元及应付碳排放权376.2万元。

　　2016年12月31日调整至公允价值：

　　借：公允价值变动损益　　　　　　　　6390.60

贷：碳排放权——政府配额	5721.48
碳排放权——CCER	292.92
应付碳排放权	376.20

2）节能减排

如果深圳能源全年实际碳排放量为 1080 万吨，节约碳排放配额 120 万吨，同样由于前期出售了 432 万吨碳排放权配额，企业拥有 700 万吨碳排放权政府配额，68 万吨 CCER，此时只需购买 312 万吨碳排放权配额用于本年度履约，本质上相当于企业将节约的 120 万吨碳排放权配额出售而获得了投资收益。期末深圳排放权交易所交易均价 29 元，按当日公允价格购买 312 万吨碳排放权配额，作如下会计分录：

| 借：碳排放权——购买配额 | 9048 |
| 贷：银行存款或应付账款 | | 9048 |

同时将应付碳排放权及碳排放权调整至期末公允价值 31320 万元（原碳排放权账面价值 37334.4 万元、原应付碳排放权账面价值 31012.2 万元，1080 万吨），

借：公允价值变动损益	6322.20
贷：碳排放权——政府配额	5721.48
碳排放权——CCER	292.92
应付碳排放权	307.80

在改进后的核算体系中，与《征求意见稿》处理一致，均是将碳排放权及应付碳排放权调整至公允价值。不同之处在于，在改进后的核算体系中，每次核算排放行为时都确认了公允价值变动损益，故使得碳排放权及应付碳排放权期末账面价值与《征求意见稿》中的不一致，所以期末调整的公允价值变动损益不一致。表 9-2 即为各个事项在《征求意见稿》和改进后的核算体系中的会计处理总结：

表9-2 两种核算体系对比

事项	《征求意见稿》	改进核算体系
免费获得	备查登记	借：碳排放权——政府配额 　贷：未确认排放收益
出售配额	借：银行存款 　贷：应付碳排放权	借：银行存款 　贷：碳排放权——政府配额
跨境交易	借：银行存款 　贷：应付碳排放权	借：银行存款 　贷：碳排放权——政府配额
置换CCER	备查登记	借：碳排放权——CCER 　银行存款 　贷：碳排放权——政府配额
排放核算	超额排放才核算 借：制造费用 　贷：应付碳排放权	配额内排放时： 借：未确认排放收益 　贷：应付碳排放权 　　公允价值变动损益（或借方） 本期节能减排： 借：未确认排放收益（冲余额） 　贷：投资收益 本期超额排放后： 借：制造费用 　贷：应付碳排放权
期末购入	本期超额排放 借：碳排放权 　贷：银行存款等 调整公允价值： 借：应付碳排放权 　贷：公允价值变动 　　损益（或相反） 本期节能减排 借：碳排放权 　贷：银行存款等 　　调整公允价 　　值并结转减 　　排损益 借：应付碳排放权 　贷：公允价值变 　　动损益 　　投资收益	本期超额排放 借：碳排放权——购买配额 　贷：银行存款等 调整公允价值： 借：公允价值变动损益（或相反） 　贷：碳排放权——政府配额碳 　　排放权——CCER 应付碳排放权 本期节能减排 借：碳排放权——购买配额 　贷：银行存款等 　　调整公允价值： 借：公允价值变动损益（或相反） 　贷：碳排放权——政府配额 　　碳排放权——CCER 　　应付碳排放权

9.3.2.7 披露碳排放信息

企业会在次年度完成履约程序，完成履约时冲减碳排放权及应付碳排放权，故碳排放权及应付碳排放权期末存在余额。需要说明的是，碳排放权的财务报告表内披露将在后面的财务分析中用到，故此处只披露财务报告附注披露表及碳排放权变动情况表。

1）超额排放

若深圳能源 2016 年实际碳排放量 1320 万吨，属超额排放，则在期末需披露本年度碳排放权及参与碳排放权交易的信息。由于期初并未核算，故期初数为零，按照深圳能源本期发生的碳排放权交易对碳排放权进行如表 9-3 所示的披露。

表 9-3　2016 年碳排放权财务报告附注披露

碳排放权	期初数		本期增加				本期减少				期末数	
	数量（万吨）	金额（万元）	增加方式	增加时间	增加数量（万吨）	增加金额（万元）	减少方式	减少时间	减少数量（万吨）	减少金额（万元）	数量（万吨）	金额（万元）
政府配额	—	—	分配	2016.1.1	1200	48288	出售	2016.1.20	32	1386	1252	42029
			购买	2016.12.31	552	16008	出售	2016.4.25	400	18216	—	—
							置换	2016.6.12	68	2665	—	—
CCER	—	—	置换	2016.6.12	68	2265	—	—	—	—	68	2265

按照深圳能源本期实际的排放行为，披露其每月的排放数量及计入应付碳排放权的金额，同时由于上期未核算，故本期期初数为零，本期履约减少也为零，应付碳排放权财务报告附注披露如表 9-4 所示。

表9-4 2016年应付碳排放权财务报告附注披露表

科目	期初数		本期排放增加			本期履约减少			期末数	
	数量（万吨）	金额（万元）	排放时间	排放数量（万吨）	排放金额（万元）	履约时间	履约数量（万吨）	履约金额（万元）	数量（万吨）	金额（万元）
应付碳排放权	—	—	1月	110	3889.5	—	—	—	—	—
	—	—	2月	110	4600.2	—	—	—	—	—
	—	—	3月	110	2778.6	—	—	—	—	—
	—	—	4月	110	3764.2	—	—	—	—	—
	—	—	5月	110	3990.8	—	—	—	—	—
	—	—	6月	110	2922.7	—	—	—	—	—
	—	—	7月	110	2854.5	—	—	—	—	—
	—	—	8月	110	2746.7	—	—	—	—	—
	—	—	9月	110	2411.2	—	—	—	—	—
	—	—	10月	110	2636.7	—	—	—	—	—
	—	—	11月	110	2527.8	—	—	—	—	—
	—	—	12月	110	2770.9	—	—	—	—	—
			合计	1320	37893.8	—	—	—	1320	37893.8

应当在碳排放权报告书中先披露深圳能源的基本情况，但在本章开始已单独对深圳能源做出简介，故此处不再单独说明，仅对本年度深圳能源的碳排放权变动情况进行如表9-5所示的披露。

表9-5 2016年度碳排放权变动情况

项目	数量（万吨）	金额（万元）	
		账面价值	公允价值
一、本期碳排放权	1320.00	44294.40	38280.00
1. 上期配额及CCER等可结转使用的碳排放权	—	—	—
2. 本期增加	1820.00	66560.92	—
（1）本期政府分配的配额	1200.00	48288.00	—

项目	数量（万吨）	金额（万元）	
		账面价值	公允价值
（2）本期实际购入碳排放权	552.00	16008.00	—
（3）本期新增的CCER	68.00	2264.92	
（4）其他	—	—	—
3. 本期减少	500.00	22266.52	
（1）本期出售配额	500.00	22266.52	
（2）自愿注销配额	—	—	
二、本期应付碳排放权	1320.00	37903.80	38280.00
三、期末可结转使用的配额	—	—	—
四、超额排放	120.00	3000.70	
1. 计入成本	120.00	3000.70	
2. 计入损益	—	—	
五、本期损益的公允价值变动（损失以"−"号列报）	—	6994.30	
1. 因碳排放权期末公允价值变动	—	−6014.40	
2. 因应付碳排放权期末公允价值变动	—	−376.20	
3. 日常排放结算计入	—	13384.90	
六、本期投资收益	—	—	

2）节能减排

若深圳能源2016年实际碳排放量1080万吨，属节能减排，如果企业一直未曾出售碳排放权配额，则期末不需要购入碳排放权配额，还能结余120万吨结转至下年度使用。按本书的实例，深圳能源期末需披露本年度碳排放权及参与碳排放权交易的信息。

由于期初并未核算，故期初数为零，按照深圳能源本期发生的碳排放权交易对碳排放权进行如表9−6所示的披露。

表 9-6 2016 年碳排放权财务报告附注披露

碳排放权	期初数		本期增加				本期减少				期末数	
	数量(万吨)	金额(万元)	增加方式	增加时间	增加数量(万吨)	增加金额(万元)	减少方式	减少时间	减少数量(万吨)	减少金额(万元)	数量(万吨)	金额(万元)
政府配额	—	—	分配	2016.1.1	1200	48288	出售	2016.1.20	32	1386	1012	35069
	—	—	购买	2016.12.31	312	9048	出售	2016.4.25	400	18216	—	—
	—	—	—	—	—	—	置换	2016.6.12	68	2665	—	—
CCER	—	—	置换	2016.6.12	68	2265	—	—	—	—	68	2265

按照深圳能源本期实际的排放行为，披露其每月的排放数量及计入应付碳排放权的金额，同时由于上期未核算，故本期期初数为零，本期履约减少也为零，应付碳排放权财务报告附注披露如表 9-7 所示。

表 9-7 2016 年应付碳排放权财务报告附注披露

科目	期初数		本期排放增加			本期履约减少			期末数	
	数量(万吨)	金额(万元)	排放时间	排放数量(万吨)	排放金额(万元)	履约时间	履约数量(万吨)	履约金额(万元)	数量(万吨)	金额(万元)
应付碳排放权	—	—	1 月	90	3190.5	—	—	—	—	—
	—	—	2 月	90	3763.8	—	—	—	—	—
	—	—	3 月	90	2273.4	—	—	—	—	—
	—	—	4 月	90	3079.8	—	—	—	—	—
	—	—	5 月	90	3265.2	—	—	—	—	—
	—	—	6 月	90	2391.3	—	—	—	—	—
	—	—	7 月	90	2335.5	—	—	—	—	—
	—	—	8 月	90	2247.3	—	—	—	—	—
	—	—	9 月	90	1972.6	—	—	—	—	—
	—	—	10 月	90	2157.3	—	—	—	—	—
	—	—	11 月	90	2068.2	—	—	—	—	—
	—	—	12 月	90	2267.1	—	—	—	—	—
			合计	1080	31012.2	—	—	—	1080	31012.2

应当在碳排放权报告书中先披露深圳能源的基本情况，但在本章开始已单独对深圳能源做出简介，故此处不再单独说明，仅对本年度深圳能源的碳排放权变动情况进行如表9-8所示的披露。

表9-8　2016年度碳排放权变动情况

项目	数量（万吨）	金额（万元）	
		账面价值	公允价值
一、本期碳排放权	1080.00	37334.40	31320.00
1. 上期配额及 CCER 等可结转使用的碳排放权	—	—	—
2. 本期增加	1580.00	59600.92	
（1）本期政府分配的配额	1200.00	48288.00	—
（2）本期实际购入碳排放权	312.00	9048.00	—
（3）本期新增的 CCER	68.00	2264.92	—
（4）其他	—	—	—
3. 本期减少	500.00	22266.52	
（1）本期出售配额	500.00	22266.52	—
（2）自愿注销配额	—	—	
二、本期应付碳排放权	1080.00	31012.20	31320.00
三、期末可结转使用的配额	—	—	—
四、超额排放	—	—	—
1. 计入成本	—	—	—
2. 计入损益	—	—	—
五、本期损益的公允价值变动（损失以"－"号列报）	—	6124.80	
1. 因碳排放权期末公允价值变动	—	−6014.40	
2. 因应付碳排放权期末公允价值变动	—	−307.80	
3. 日常排放结算计入	—	12447.00	
六、本期投资收益	—	4828.80	

9.4 碳排放权核算财务分析

9.4.1 《征求意见稿》与改进后的碳排放权核算对比

本书改进后的核算体系实质上与《征求意见稿》一致，主要基于初始无偿获得的碳排放权政府配额符合资产确认条件，应进行初始确认；对初始无偿碳排放权配额进行了初始确认，为了保持内在逻辑性，则每次排放行为均应确认为应付碳排放权。故后续进行的碳排放权会计核算财务分析仅以改进后的核算体系为基础数据，两种核算体系的对比列示如表9-9所示。

表9-9 碳排放权核算对比

会计科目	《征求意见稿》改进前的核算体系		改进后的核算体系	
	超额排放	节能减排	超额排放	节能减排
	期末余额/发生额（万元）	期末余额/发生额（万元）	期末余额/发生额（万元）	期末余额/发生额（万元）
碳排放权——政府配额	—	—	20300.00	20300.00
碳排放权——购买配额	16008.00	9048.00	16008.00	9048.00
碳排放权——CCER	—	—	1972.00	1972.00
合计：	16008.00	9048.00	38280.00	31320.00
应付碳排放权	16008.00	9048.00	38280.00	31320.00
合计：	16008.00	9048.00	38280.00	31320.00
制造费用/生产成本	3000.70	—	3000.70	—
公允价值变动损益	6594.30	5108.71	6994.30	6124.80
投资收益	—	5444.89	—	4828.80
费用损益合计：	3593.60	10553.60	3993.60	10953.60
两种核算方法差异下的400元，均是核算排放行为时使用当月公允价格所致。				

改进前后的核算体系最大的不同在于初始无偿获得的政府配额是否进行了会计确认，这使得改进后的核算体系中的碳排放权——政府配额增加 20300 万元及碳排放权——CCER 增加 1972 万元，应付碳排放权期末余额增加 22272 万元，资产总额和负债总额同时增加 22272 万元。

而改进前后的核算体系对损益的影响实质上是一致的，均是超额排放时计入了制造费用等科目，最终结转至营业成本，而节能减排时计入了投资收益。不同的是改进后的核算体系经过"未确认排放收益"进行过渡核算，这是为了满足初始确认时无偿分配政府配额的核算逻辑需要。需要说明的是，对改进前后的核算体系进行对比，对于超额排放和节能减排两种情况，改进后的核算体系的费用损益合计均比《征求意见稿》多 400 元，这是由于改进后的核算体系在每月末均采用本月均价进行排放行为核算处理，而《征求意见稿》只在超额排放的本月才进行排放核算，故这 400 元为未超额排放时采用公允价值核算产生的差异。

在《征求意见稿》核算中，深圳能源节能减排时，由于初始无偿获得的政府配额未初始确认，每次出售碳排放权配额时均以交易当日的公允价值计入应付碳排放权。期末应付碳排放权账面余额为 19601.6 万元（432 万吨，其中节能减排的 120 吨应当冲减计入投资收益），期末公允价值 9048 万元，应付碳排放权账面余额与公允价值的 10553.6 万元差额实质是公允价值变动损益和节能减排投资收益的合计。《征求意见稿》对这部分处理并没有明确说明，本书按照简单的分配方法将其分配为投资收益 5444.89 万元（19601.600÷432×120）及公允价值变动损益 5108.71 万元（19601.6÷432×312−9048）。节能减排这部分的配额其实是年初无偿获得的，应当用获得当日的公允价值计量投资收益的金额。但是由于初始的无偿获得未进行账务处理，故期末对其简化处理，使得投资收益 5444.89 万元实质上还是包含部分公允价值损益,不符合会计核算的真实可靠原则。

在本书改进后的核算体系中,深圳能源节能减排时,由于初始无偿获得的政府配额初始确认为碳排放权——政府配额,同时将获得当日的公允价值确认为等额的未确认排放收益(48288 万元)。在期末结算节能减排时,直接将未确认排放收益余额冲减至投资收益 4828.8 万元(48288÷1200×120)中,这部分金额即以获得当日的公允价值计量,不包含持有期间的公允价值变动,可更客观真实地核算排放企业的节能减排收益。

9.4.2 碳排放权核算前后对比

因并未出台相关法律法规以及提供碳排放权会计核算的方法指南,故大多数企业未对碳排放权进行会计处理。本书选择深圳能源 2016 年年报为基准数据,基准数据未包括企业拥有的碳排放权,即为未进行碳排放权核算的基础数据,将本书改进后的核算体系下超额排放和节能减排两种情况的财务数据作为对照数据进行对比分析,如表 9-10 所示。

表 9-10　碳排放权核算前后对比

会计项目	2016 年年报	本书核算体系	
		超额排放	节能减排
碳排放权	—	**38280.00**	**31320.00**
流动资产	1309705.53	1347985.53	1341025.53
总资产	6086218.62	6124498.62	6117538.62
应付碳排放权	—	**38280.00**	**31320.00**
流动负债	1785472.73	1823752.73	1816792.73
负债总额	3603452.76	3641732.76	3634772.76
股东权益	2482765.86	2482765.86	2482765.86

续表9-10

会计项目	2016 年年报	本书核算体系	
		超额排放	节能减排
营业收入	1131811.22	1131811.22	1131811.22
营业成本	804357.49	804357.49	804357.49
制造费用（碳排放）	—	**3000.70**	—
公允价值变动损失	1072.50	1072.50	1072.50
公允价值变动损益（碳排放）	—	**6994.30**	**6124.80**
投资收益——排放收益	—	—	**4828.80**
投资收益	34411.68	34411.68	34411.68
利润总额	204186.72	208180.32	215140.32
净利润	140663.55	143414.73	148209.45

从表9-10对比数据分析可知，在深圳能源超额排放时，与未进行碳会计核算的2016年年报数据相比，企业超额排放将会产生3000.70万元的制造费用，制造费用最终结转计入营业成本，将会增加营业成本总额，最终影响企业毛利率。在2016年年报数据中，深圳能源毛利率为28.93%〔（1131811.22－804357.49）÷1131811.22〕，而在核算碳排放权时，由于企业超额排放将会增加营业成本，减少企业毛利，降低企业毛利率，此时深圳能源毛利率为28.67%〔（1131811.22－804357.49－3000.70）÷1131811.22〕。但深圳能源在超额排放时，企业净利润还增加了2751.18万元（143414.73－140663.55），这是由持有期间碳排放权公允价值增加所致。在2016年度，碳排放权公允价值波动下降，深圳能源初始无偿获得较高的公允价值，而在后续核算排放行为时以较低公允价值核算，且以较高公允价格出售后，期末又以较低公允价格购入，使得深圳能源核算碳排放权

可获得公允价值变动损益 6994.30 万元。这将鼓励排放企业进行碳排放权会计核算，利用碳排放权市场价格变动趋势，进行投资管理，获得碳排放权公允价值变动损益。

在深圳能源节能减排时，企业不但获得公允价值变动损益 6124.80 万元，还可获得节能减排的投资收益 4848.80 万元，使得深圳能源净利润增加 7545.9 万元（148209.45－140663.55）。由上可知，深圳能源如果能实现节能减排，不仅能获得碳排放权公允价格变化带来的公允价值变动损益，还能获得节能减排带来的投资收益。这部分收益均是排放企业进行节能减排并进行碳排放权会计核算获得的收益，这将鼓励排放企业积极实施节能减排，获得减排收益。由于排放企业进行了碳排放权会计处理，并披露了相关碳排放权会计信息，这使得政府部门可有效获得控排企业的排放信息，从而实施更加有效的监督。

9.4.3　碳排放权核算对财务指标的影响

根据上文碳排放权超额排放和节能减排两种情况下的核算数据，分析碳排放权会计核算对企业偿债能力、营运能力、盈利能力的影响。值得说明的是，由于 2016 年年报数据包含深圳能源所有分公司及子公司，其体系庞大，导致碳排放权会计确认的账面价值及收益影响微乎其微，故保留 4 位小数，对其进行趋势分析，其对比分析如表 9-11 所示。

表 9-11　碳排放权财务指标对比

主要财务指标	2016 年年报	本书核算体系	
		超额排放	节能减排
偿债能力			
营运资本	−475767.20 万元	−475767.20 万元	−475767.20 万元

主要财务指标	2016 年年报	本书核算体系	
		超额排放	节能减排
资产负债率	59.2068%	59.4617%	59.4156%
流动比率	73.3534%	73.9127%	73.8128%
营运能力			
总资产周转率	18.5963%	18.4801%	18.5011%
流动资产周转率	86.4172%	83.9632%	84.3989%
盈利能力			
销售净利率	12.4282%	12.6713%	13.0949%
总资产报酬率	2.3112%	2.3417%	2.4227%
净资产收益率	5.6656%	5.7764%	5.9695%

由表9-11可知，期末企业将保证拥有与应付碳排放权相同数量的碳排放权用于下年度，从而对本年度的碳排放行为进行履约，期末也将碳排放权和应付碳排放权均调整至公允价值，所以三种情况下的营运资本是一致的，均为-475767.20万元。同时由数学关系可知，分子分母同时增加相同数值，将增大原本小于1的比率值，所以在超额排放和节能减排的情况下，资产负债率和流动比率均有所增加，资产负债率由59.2068%分别增加至59.4617%和59.4156%，流动比率由73.3534%分别增加至73.9127%和73.8128%，增幅均较小。同时节能减排情况下的增幅比超额排放时的增幅要更小一些，这是因为期末节能减排时比超额排放时拥有更少的碳排放权及应付碳排放权。

对于营运能力，由于确认碳排放权将同时增加企业流动资产和总资产，故在超额排放和节能减排时均将会降低总资产周转率及流动资产周转率。总资产周转率由18.5963%分别下降至18.4801%和18.5011%，流动资产周转率由86.4172%分别下降至 83.9632％和 84.3989％。由表 9-11 可知，超额排放时比节能减排时的下降幅度要大一些，这是因为超额排放比节能减排确认了更多的碳排放权，所以超额排放时企业总资产及流动资产周转会更慢一些。

对于盈利能力，可以看出，确认碳排放权时比不核算碳排放权时（2016 年年报）盈利性都更好。这是由于 2016 年碳排放权交易价格呈下降趋势，企业年度中间以高价出售碳排放权，年末以更低的价格购入，就增加了企业公允价值变动收益，同时节能减排时确认了节能减排收益，增加了企业的净利润。销售净利率由 12.4282％分别增加至 12.6713％和 13.0949％，总资产报酬率由 2.3112％分别增加至 2.3417％和 2.4227％，净资产报酬率由 5.6656％分别增加至 5.7764％和 5.9695％。由表 9-11 可知，节能减排比超额排放时盈利能力均要好一些，增幅要大得多。这是因为超额排放部分计入制造费用，最终结转至成本，计入损益，抵减掉部分公允价值变动损益；而节能减排时，不仅能获得公允价值变动损益，还能获得剩余的碳排放权配额带来的投资收益——排放收益，从而增加企业净利润，提高企业盈利能力。

综上所述，如果排放企业核算碳排放权，就可将其作为类似于交易性金融资产进行投资管理，获取其公允价值变动损益。如果企业能够实现节能减排，还可获得节能减排收益，增加投资收益，提高盈利能力。这将鼓励排放企业对其拥有的碳排放权进行会计核算，这在一定程度上会增加企业资产总额，也能获得碳排放权公允价值变动带来的损益。这也鼓励排放企业实现环保生产，节能减排，从而获取减排收益，提高经营效益。

10 碳排放权交易过程中的税收问题

我国财政部于 2016 年 9 月 23 日发布了《碳排放权交易试点有关会计处理暂行规定（征求意见稿)》（以下简称《征求意见稿》），意味着企业进行碳排放权交易的相关会计处理已经有了规范可以遵循。诚然，《征求意见稿》通过统一设置碳排放权有关会计科目来规范碳排放权交易相关账务处理以及规范碳排放权有关信息的披露形式，是碳排放权交易在进行会计处理方面的一大进步，但是我们仍然不得不重视《征求意见稿》中存在的亟待解决和完善的问题。其中，笔者认为比较迫切需要进行深入研究以待解决和完善的问题是，《征求意见稿》并未明确碳排放权交易税收的相关内容，尚未规范碳排放权在交易过程中，各个参与主体应当如何对各自可能涉及的税收问题进行具体税务处理。随着《中华人民共和国环境保护税法》于 2016 年 12 月 25 日的出台，我国正式以法律的形式规定了污染物排放的征税对象、税目税额等相关原则，显现出了我国大力改善环境，提高各企业进行碳减排的积极性的决心，是我国进行节能减排发展过程中的又一大进步。然而，其中依旧未能明确提及碳排放权交易的相关税收问题，因而我们不得不继续重视碳排放权交易中相关税收问题的缺失问题。

基于此，本章针对碳排放权交易中的税务问题及其相关账务处理进行分析探讨，主要解决当前碳排放权交易市场中负有纳税义务的各交易主体、涉及税收的环节、税收优惠以及具体税务会计账务处理等问题，并在此基础上提出完善碳排放权交易的财税政策的对策。

10.1　碳排放权交易的涉税主体

纳税主体有广义和狭义之分，本章讨论的碳排放权交易涉税主体是根据税法规定在碳排放权交易过程中直接相关的负有纳税义务的当事方。笔者认为，目前碳排放权交易市场涉及的纳税主体主要包括以下五类。

10.1.1　监管机构

其代表机构主要包括政府和相关部门、各交易机构、研究机构、国家标准化委员会等。国务院发展改革部门与相关部门共同对碳排放权交易市场进行分级管理，碳排放权交易试点地区配额分配方案及标准的制定、碳市场的资源配置、碳排放权交易机制的决定、核查技术的规范均由国务院发展改革部门会同相关行业主管部门负责，并由其进行监督执行。而对第三方核查机构的监督、对各大交易机构的监管由各相关部门根据其划分的具体职责来进行。各个相关地方、各个相关部门按照相关要求完成各自的工作，并在此基础上相互配合，以促进其更好地完成工作，保证碳交易市场有序运行。

10.1.2　重点排放单位

重点排放单位也就是控排企业，即受国家强制进行碳排放管控的单位。每个地区有不同的规定，在四川，其主要是指发电行业年度排放达到 2.6 万吨二氧化碳当量（综合能源消费量约 1 万吨标准煤）及以上的企业或者其他经济组织，年度排放达到 2.6

万吨二氧化碳当量及以上的其他行业自备电厂，视同发电行业重点排放单位管理。在我国正式试点地区的重点排放企业作为碳排放权交易市场最直接和最重要的参与者，可无偿取得和使用政府分配配额，并在碳排放超过标准配额时通过碳交易市场购买碳排放权以实现低成本减排；除了从政府获得配额来使用或交易外，企业也可以在碳排放权交易市场上将节约下来的碳排放权配额或中国核证自愿减排量（CCER）用于交易，以获得额外收入。

10.1.3　符合交易规则的投资者

符合交易规则的投资者可以是各类投资机构、个人投资者，也可以是重点控排企业。机构投资者主要是参与碳交易产品买卖，获取差价收益；或者投资碳减排项目，获取减排量的收益分成。个人投资者是把碳交易作为一种新型投资理财工具，通过买卖碳交易产品，赚取差价收益。控排企业自身参与碳交易产品投资也是期望通过在市场中的交易以高卖低买的方式获得收益。

10.1.4　以公益类社会团体为代表的公益机构

公益机构主要是指以公益为目的，自愿注销其所获得的排放配额或者其根据国家核证拥有的自愿减排量的企业。他们通过购买持有但不出售的方式减少市场上碳排放权的数量，以达到节能减排的效果。

10.1.5　国家认可的以核查机构和咨询机构为代表的第三方机构

满足相关标准成立的核查机构，按照核查相关文件要求和技术实施标准，承接委托人委托对碳排放相关数据进行核准审查，根据核查结果出具相应的核查报告，核查机构需要确保其核查报告的真实可靠性，从而为相关政府部门进行监督管理提供参考。而咨询机构是指为企业或个人提供碳资产管理服务或碳减排项目开发咨询服务等的主体，咨询机构也可以通过在碳交易市场参与碳排放权交易，赚取差价收益。

根据上述对碳排放权市场参与主体的介绍和分析，可以看出参与交易的主要是受国家强制减排的重点企业和投资者，也就是碳排放权交易主要的买方和卖方，他们是碳排放权交易中最主要的纳税主体。当然，除此之外，交易机构作为买卖双方进行碳交易的平台，在碳排放权交易中起着重要的中间作用，也不得忽视其存在。本章主要围绕前四类主体，对其涉及税收的环节、税收优惠以及具体税务会计账务处理进行具体的阐述。

10.2 碳排放权交易的涉税环节及税种

由于交易参与主体的差异，其纳税义务也各不相同，为了便于讨论，在具体分析各个纳税主体的税务会计账务处理前，针对碳排放权交易发生的环节以及涉税环节所涉及的税种进行单独讨论分析。

笔者认为，取得、持有使用和出售是碳排放权交易涉及的三大环节。碳排放权交易主要涉及三大税种，即增值税、企业所得税和印花税。接下来笔者对每个环节的涉税情况进行具体的分析。

10.2.1 碳排放权的取得环节及涉税情况

碳排放权的取得有两种方式，包括从政府无偿取得碳排放权配额以及从碳排放权交易市场购买碳排放权。下面对两种不同的取得方式进行分析。

碳排放权交易市场的交易主体如果是从碳交易市场购买取得的碳排放权，在碳排放权取得时并不一定会发生印花税的纳税义务，只有当交易双方通过签订合同等方式触及印花税的应税税目时，才需按照印花税的相关规定计算缴纳印花税。如果企业购买碳排放权将其作为存货，那么企业应当根据存货的相关处理确认增值税进项税额；如果企业购买碳排放权将其作为无形资产核算，则按照无形资产的相关税收要求确认增值税进项税额；同理，如果企业将其作为金融商品进行会计处理，则按照金融商品转让的相关规定确认增值税。企业在取得碳排放权时应当按照历史成本法对取得的碳排放权进行初始计量以及确定企业所得税的计税基础，由于初始计量确定的金额即为该计税基础金额，因此不存在税会差异。

试点企业取得碳排放权的方式是从政府无偿获得，按照《征求意见稿》的要求，企业对无偿取得的碳排放权不进行任何账务处理，在备查账簿中进行记录即可。从地位上看，企业根据政府文件无偿取得的碳排放权配额和企业在碳交易市场购买的碳排放权具有同等的地位，后续按照规定进行账务处理；但是基于以下两点理由，无偿取得的碳排放权也不应当作为企业的利得计入企业所得税的应纳所得额中，同时其计税基础应当为零。第一，政府之所以会无偿将碳排放权分配给某企业，其目的是希望将该企业纳入碳减排计划，通过授予低于其正常排放量的碳排放权配额，促使控排企业能够通过技术改进等措施减少其碳排放量，如期履约并交付碳排放权配额；否则，只能在碳交易市场购买碳排放权从而增加其成本。基于此可以看出，我们不能将政府无偿发放碳排放权配额的行为简单归类为赠予行为，从而，不能简单地将其作为一项利得对企业征收企业所得税。第二，碳排放权配额在企业从政府处取得时，其并没有收到实际的现金流，并且，基于能够无偿取得碳排放权的企业通常是高排放企业，其取得碳排放权的用途主要是优先满足其履约的需求，因此，在短时期内其不会通过出售该部分碳排放权配额而增加现金流。所以，如果是在企业取得碳排放权时就作为一项应税资产要求企业计算并缴纳企业所得税，对企业来说，这将会给其带来现金流量上的负担，也不利于达到碳排放权交易试点的目的和相关工作的开展。

10.2.2 碳排放权的持有和使用环节及涉税情况

由上述介绍可知，企业可以通过从政府无偿获得和从碳交易市场有偿购买两种方式取得碳排放权，因此，在分析企业对拥有的碳排放权持有使用的涉税情况时，也需要对其分别进行。

对于企业拥有的在碳排放权交易市场有偿取得的碳排放权，其持有的后续支出是与碳排放权相关的，并且该支出满足一定条件时可以计入某项资产，作为该资产账面价值的一部分，那么其应当作为该项资产计税基础的组成部分，按照资产所得税的相关规定进行处理；如果与碳排放权的相关支出不符合计入某项资产账面价值的条件，则应当将该部分支出费用化，直接计入当期损益，那么该项支出可以作为成本费用并参照相关的扣除比例等税法要求在计算缴纳企业所得税前按规定扣除。

对于企业持有使用的从政府无偿取得的碳排放权配额，因为无偿取得的这部分碳排放权在初始取得时根据相关规定不进行账务处理，并且根据前述介绍其计税基础为零，该部分资产不会成为其他相关资产计税基础的一部分，也不存在在计算缴纳企业所得税前扣除的问题。如果碳排放权按照相关要求在期末计提了资产减值准备，那么与资产减值对应的损失金额就会按规定计入当期损益。但是，根据税法的相关规定，属于尚未实际发生的准备金支出不得按照计提的损失金额在计算缴纳企业所得税前扣除。从而，企业在计算缴纳企业所得税时应当在按照会计计算出的利润的基础上将该部分作为调增项目，调整应纳税所得额，同时根据会计准则中有关所得税的要求，确认递延所得税资产。且碳排放权的减值是可以转回的，后续发生转回时，企业进行相反的账务处理即可。

10.2.3　碳排放权的出售环节及涉税情况

企业或投资者在碳排放权交易市场出售碳排放权，其出售的对象无论是企业通过技术改革等方式节约下来的碳排放权配额、通过国家核准认可的 CCER，还是企业从碳排放权交易市场中购买来的碳排放权，该出售行为表明了其目的不再是通过履约交付碳排放权，而是通过出售赚取投资收益，获得资产转让利得，那么取得符合条件的收入则需要按照相关规定征税。因此，出售环节是企业承担纳税义务的主要环节。总的来说，企业在出售环节可能涉及的税种主要有增值税、企业所得税和印花税三种。

增值税，是以商品和劳务在流转过程中产生的增值额作为征税对象而征收的一种流转税。我国营改增全面实行，不再实行营业税，原营业税的相关内容也被增值税所覆盖。我国现行增值税的基本规范主要是 2017 年 11 月 19 日国务院令第 691 号公布的《中华人民共和国增值税暂行条例》（以下简称《增值税暂行条例》）和 2016 年 3 月财政部和国家税务总局发布的《财政部国家税务总局关于全面推开营业税改征增值税试点的通知》（财税〔2016〕36 号，以下简称《营改增通知》）以及 2008 年 12 月财政部和国家税务总局令第 50 号《中华人民共和国增值税暂行条例实施细则》（以下简称《增值税暂行条例实施细则》）。

企业若将购买取得的碳排放权作为金融商品进行会计处理，

那么按照《征求意见稿》的要求，碳排放权交易的会计处理方式思路类似于金融商品中的交易性金融资产的处理方式，应当确认其公允价值变动损益。因此在对碳排放权进行出售时，其账务处理需要考虑的相关税收问题可参考《增值税暂行条例》《增值税暂行条例实施细则》和《营改增通知》的相关规定，即对企业转让碳排放权的行为按照"金融服务"中的"金融商品转让"项目征收增值税，对于碳排放权不同碳金融商品之间买卖出现的正负差，在同一个纳税期内可以相互抵消计算，企业在一个纳税期间由于买卖碳排放权金融商品应当缴纳的税额按照卖出价和买入价差额的6%计算缴纳增值税。如果相互抵消后仍出现负差，可结转至下一个纳税期继续抵消，但若在年末时仍未抵消完毕，不得跨年度结转抵消。对于将碳排放权确认为何种资产，由于尚未有明确的指导文件进行界定，因此也有企业将碳排放权作为存货或无形资产进行会计处理，那么相应其增值税也应当按照存货和无形资产的相关税收规定进行确认和计量。

企业所得税，是对我国境内的企业和其他取得收入的组织的生产经营所得及其他所得征收的一种税。企业通过转让碳排放权取得的收入，在扣除已经发生的成本费用后剩余的部分，按照企业实际所得税税率征收企业所得税，一般来说，税率为25%。7个试点地区进行试点的企业，其转让通过碳排放权配额取得的收入应当计入年度收入总额，对扣除该部分碳排放权对应的可税前扣除的计税基础后的余额征收企业所得税。对于其可税前扣除的部分，如果该碳排放权是无偿从政府取得的，那么可税前扣除的金额为零；如果该碳排放权是有偿购买所得的，可税前扣除的金额即为取得时的历史成本。

印花税，是以经济活动和经济交往中，书立、领受应税凭证的行为为征税对象而征收的一种税。一般说来，印花税的征税范围是既定的。在出售碳排放权时，如果涉及合同的签订，则属于

印花税的增税范围之内，那么按照印花税的相关规定缴纳印花税；若不属于印花税的增税范围则不涉及印花税，无须缴纳印花税。另外，本书认为也可参考股票市场印花税的征税方式，按照交易额的千分之一征收印花税。值得考虑的是，股票交易采取的是单边征税的形式，即只有企业在卖出股票时才涉及印花税的缴纳。但由于碳排放权性质特殊，企业持有碳排放权除了通过买卖赚取差价之外，在我国碳排放权市场发展的初期，更多的是实现履约目的，因此可以采取双边征收的方式，即买入和卖出碳排放权时均涉及印花税的缴纳。

另外，由于个人投资者在股票市场等金融平台的交易所得不纳税，比照其规定，个人投资者在交易所等交易平台买卖碳排放权也不涉及增值税和个人所得税。因此，以下主要对企业投资者进行讨论。

参与碳排放权交易的主体在各环节涉及的税种可以归纳为如表 10-1 所示。

表 10-1　碳排放权交易涉税主体及涉税情况表

交易主体	具体环节		涉税情况
控排企业	取得碳排放权	无偿	不涉税
		有偿	印花税、增值税
	持有、消耗碳排放权		不涉税
	出售碳排放权		增值税、企业所得税、印花税
投资者（除个人）	有偿取得碳排放权		印花税
	出售碳排放权		增值税、企业所得税、印花税

10.3　碳排放权交易的税务处理分析

根据《征求意见稿》的规定，取得碳排放权时应当对其进行单独确认和计量，对于碳排放权在税务中的会计处理，本章依旧参考《征求意见稿》规定的科目设置和会计处理原则。

参与我国碳排放权交易的主要主体，除了负有定期履约的试点企业外，还有交易所等政府机构、投资机构和公益组织三类主体。这几类主体由于其参与碳排放权交易的动机、权利和义务均不相同，所涉及的税收问题也不尽相同。因此，本章拟从碳排放权交易的各涉税环节入手，对各类主体分别进行具体账务处理分析。

10.3.1 各交易所碳排放权交易过程中的税务处理

根据国家发改委下发的碳排放权交易试点的相关通知，目前我国主要有北京、天津、上海、重庆 4 个直辖市，加上湖北省（武汉）、广东省（广州）以及深圳共 7 个地区在开展碳排放权交易的试点工作。除此之外，非正式试点地区四川省（成都）和福建省（福州市）也分别通过四川联合环境交易所和福建海峡股权交易中心进行碳排放权交易。需要关注的是，由于以上两个地区是非试点地区，暂时不涉及碳排放权配额的交易。

不同于进行碳排放权交易的其他主体，各交易所作为碳排放权交易的中间服务机构，主要是为各个参与主体提供交易平台而不是直接进行碳排放权的交易。因此，买卖双方碳排放权交易的过程主要涉及手续费的收取以及收取手续费应缴纳的增值税。增值税按照"金融服务"进行征收，具体税务处理如下：

借：银行存款等

贷：应交税费——应交增值税（销项税额）

主营业务收入

10.3.2 控排企业碳排放权交易的税务处理

由上面分析可以看出，控排企业在碳排放权交易过程中主要是取得环节和出售环节有涉税情况，在持有和消耗环节不涉及税收的问题。

10.3.2.1 碳排放权取得环节的涉税账务处理

1）印花税

企业无偿取得碳排放权时不做账务处理，不影响利润和所得税，不确认递延所得税；有偿取得碳排放权时，如若属于印花税税目所列项目，则按照印花税的相关规定缴纳印花税。本书建议在碳排放权的交易中可参考股票市场的做法，即按照买入价的千分之一缴纳，计入税金及附加。值得关注的是，相较于交易性金融资产在购入时将发生的印花税等相关税费计入"投资收益"的规定，购入碳排放权在目前初步发展的市场中往往不是作为一种投资方式，更主要的是最终履约，是与企业生产经营活动密切相关的资产购入，因此本书认为按照最新会计准则的要求统一计入"税金及附加"更为合适。计提和缴纳印花税的分录分别如下：

（1）有偿取得时计提印花税，计入当期损益。

借：税金及附加

　　贷：应交税费——应交印花税

（2）实际缴纳印花税时冲减应交税费。

借：应交税费——应交印花税

　　贷：银行存款

2）增值税

企业通过购买取得碳排放权时涉及的增值税问题，分别按照以下不同情况进行讨论：

（1）企业拟将碳排放权作为存货进行相关会计处理。

如果企业拟将碳排放权作为存货进行初始确认及后续处理，那么在企业通过购买取得碳排放权时可以按照存货相关处理确认增值税进项税额。即：

借：碳排放权

应交税费——应交增值税（进项税额）

贷：银行存款

（2）企业拟将碳排放权作为无形资产进行相关会计处理。

如果企业拟将碳排放权作为无形资产进行初始确认及后续处理，那么在企业通过购买取得碳排放权时可以按照无形资产的相关税收规定确认增值税进项税额。即：

借：碳排放权

应交税费——应交增值税（进项税额）

贷：银行存款

（3）企业拟将碳排放权作为金融商品进行相关会计处理。

如果企业拟将碳排放权作为金融商品进行初始确认及后续处理，与购买其他资产不同，由于碳排放权涉及的增值税是按照卖出价和买入价差额的6％计算缴纳增值税，因此碳排放权的取得成本不涉及增值税进项税额的确认。但是，若在取得环节发生了相关的手续费等支出，相关手续费按照交易性金融资产计入"投资收益"，手续费支出对应产生的增值税应当确认为"应交税费——应交增值税（进项税额）"，具体分录如下：

借：　碳排放权

投资收益——碳排放权收益

应交税费——应交碳排放权增值税（进项税额）

贷：银行存款等

10.3.2.2 碳排放权出售环节的涉税账务处理

出售是产生纳税义务的主要环节，在此环节中，企业转让碳排放权主要涉及增值税和企业所得税两类税种。有关印花税的相关规定，控排企业可参照前述购买环节的介绍进行处理，区别仅在于计算印花税时是以卖出价为依据进行确定的。

1）增值税

无论企业取得碳排放权时是将其作为存货、无形资产还是金融商品进行会计处理，在出售环节均应当计算缴纳增值税，确认增值税销项税额时应按照存货转让、无形资产转让和金融商品转让的相关税收要求以适用不同的税率或征收率，这对会计分录的编制有较大影响。同时，由于控排企业拥有碳排放权的途径和用意较为复杂，不同的取得方式所涉及的税务处理也存在较大差异，因此有必要分以下几种情况进行讨论。

（1）当企业出售的碳排放权是从政府无偿取得的且用于自用时。

由于出售的碳排放权不是企业自身节约下来的碳排放权，政府无偿发放碳排放权的目的在于让企业履约而不是作为一项投资工具用于出售赚取投资收益，企业可以按照其履约的用意在取得碳排放权时将其作为存货进行会计处理。另外，企业目前将其出售，由于其未来仍旧会使用到碳排放权用于履约，故应当将其出售收入确认为一项负债而不是全部收益。同时，出售时涉及增值税的计算和缴纳，此时的增值税可以以卖出价作为计税基础进行计算。其发生增值税义务和实际缴纳增值税的分录分别如下：

①出售时确认增值税：

借：银行存款（或应收账款）

　　贷：应交税费——应交增值税（销项税额）

　　　　应付碳排放权

②实际缴纳增值税时：

借：应交税费——应交增值税

贷：银行存款

（2）当企业出售的碳排放权是从交易市场购入的且用于投资时。

由于企业持有该碳排放权的意图在于进行投资交易，此时碳排放权的存在理由与交易性金融资产性质相同，其账务处理和税务处理可以参照交易性金融资产的处理进行，即其出售涉及的增值税在计算时，将卖出价与买入价的差额作为计算依据，买入价可按照发放配额日碳排放权的公允价值来计算。出售时亦无须进行价税分离，连含税金额一块计入投资收益，月末根据当月盈亏情况进行分别核算。具体说明和相应分录为：

①月末若产生转让收益，则计提增值税。

借：投资收益

贷：应交税费——应交增值税

②月末若产生转让损失，则将增值税结转下月进行抵扣。

借：应交税费——应交增值税

贷：投资收益

③实际缴纳增值税。

借：应交税费——应交增值税

贷：银行存款

④年末若有借方余额，则冲减投资收益。

借：投资收益

贷：应交税费——应交增值税

（3）当企业出售的碳排放权是企业基于节能减排节约下来的碳排放权配额和 CCER 时。

此时符合国家提倡的节能减排目标，达到了碳排放权交易的实质目的，因此，对此部分的增值税可予以免税处理，以鼓励并引导企业积极进行节能减排。其账务处理为：

①出售时确认增值税。

借：银行存款（或应收账款）

　　贷：投资收益

　　　　应交税费——应交增值税

②待核准后予以减免：

借：应交税费——应交增值税（减免税款）

　　贷：投资收益

2）企业所得税

企业在期末计算应交的企业所得税时，转让碳排放权取得的投资收益在期末应当和其他损益类科目一样结转进入本年利润，不考虑企业所得税税收优惠时，一般按照 25％的税率计算缴纳企业所得税。

企业在对碳排放权进行计量和核算时，若是参照金融工具的处理原则，对碳排放权就应采用公允价值进行后续计量，相关变动应计入公允价值变动损益。但由于税法规定对于资产浮盈浮亏产生的收益在税法上暂不产生纳税义务，因此，碳排放权的账面价值和计税基础可能存在不一致从而导致暂时性差异的出现，此时就需要进行纳税调整，具体处理分录如下：

（1）当账面价值小于计税基础时，产生递延所得税资产。

借：所得税费用

　　递延所得税资产

　　　　贷：应交税费——应交所得税

（2）当账面价值大于计税基础时，产生递延所得税负债。

借：所得税费用

　　　　贷：递延所得税负债

　　　　　　应交税费——应交所得税

10.3.3　无履约义务的投资者碳排放权交易的税务处理

10.3.3.1　碳排放权的取得环节

无须完成政府既定的履约要求，因此，该投资者只能通过有偿购买的方式在碳排放权交易市场中购买碳排放权，其持有碳排放权的意图与试点企业有偿取得碳排放权进行投资的意图相同，因而其税务和账务处理与试点企业用于投资而持有碳排放权的处理相同，此处不再做过多赘述。

10.3.3.2　碳排放配额的持有环节

投资者持续持有碳排放权在于等待出售时机，最终通过低买高卖赚取投资收益，进入出售环节。因此，同为投资而持有碳排放权的试点企业一样，投资者在持有环节不涉及增值税的处理。

而根据相关文件，投资者在对该碳排放权进行后续处理时应当采用公允价值模式。在持有期间的每个资产负债表日，对持有的碳排放权的公允价值进行重新计量，公允价值变动计入公允价值变动损益。由于税法上并不承认尚未实现的收益，因此该碳排放权的计税基础并未发生变化，仍然保持历史成本金额不变，而账面价值是调整后的公允价值。在计算当期的应纳企业所得税额时应当调增或调减对应的公允价值变动损益的金额。同时，由于计税基础与账面价值产生暂时性差异，应当根据调整的账面价值金额确认相应的递延所得税。例如，企业在资产负债表日调减了碳排放权的账面价值，在计算应纳税所得额时由于税法不允许扣除尚未发生的损失，应当调增应纳税所得额，同时确认相应的递延所得税资产；反之，则进行相反的会计和税务处理。具体分录处理如下：

借：　公允价值变动损益

　　贷：碳排放权

借：　递延所得税资产

　　贷：所得税费用

10.3.3.3　碳排放权的出售环节

投资者在出售碳排放权时涉及增值税和企业所得税的相关处理，其具体的处理方式与试点企业进行碳排放权的处理方式相同，因此，此处亦不做过多介绍。

总而言之，由于试点企业也可以作为投资者进行碳排放权投资，因此，投资者的相关账务和税务处理均可以参照控排企业的处理进行调整和选择。

10.3.4　自愿减排的公益购买者碳排放权交易的税务处理

公益购买者从碳排放权市场中购买并长期持有碳排放权，其主要目的不在于履约，亦不是等待时机出售以赚取差价，其目的在于公益事业，旨在为国家节能减排做贡献。

从增值税的角度来看，由于其持有的碳排放权只能从市场中有偿购买而来，购买取得碳排放权发生增值税纳税义务。但是，由于其长期持有的意图，使得碳排放权最终不会再次进入增值税的链条中，因此笔者认为在购买时若发生增值税的进项税额，其金额应当从进项税额中转出，不可从该企业的其他销项税额中抵扣。

但是，从企业所得税的角度来看，由于其目的是响应国家号召、保护环境、服务社会，笔者认为购买碳排放权相关的成本和税费可以一并归入《企业所得税法》中列示的"公益性捐赠支出"，经过合规的途径和要求，在其规定的金额范围内按要求进行抵免，在计算缴纳应纳税所得额时予以扣除，且超过部分依旧可以结转至未来 5 个年度内扣除。

10.4 税收优惠

目前，我国尚未出台专门针对碳排放权的税收优惠政策，现有的优惠政策主要从节能减排等方面进行规范，因此如若企业与碳排放权的相关措施涉及其相关优惠政策，即可以参照使用其他优惠政策。

按照我国税法，对节能环保企业出台了相关的优惠政策。首先，在关于增值税的优惠政策中，主要列举两种优惠措施——免征增值税和即征即退办法。具体优惠要求如下：对于符合相关条件的合同能源管理和供热的企业采用免征增值税的办法；而企业主要在进行风力发电、水力发电和资源的综合高效运用时采取即征即退的办法。其次，在关于企业所得税的优惠政策中，依旧主要列举两种优惠措施——"三免三减半"方法、免征企业所得税。具体优惠要求如下：企业如若开展清洁发展机制项目，项目中对温室气体减排量的出售所得上缴国家的部分可以在计算缴纳企业所得税前扣除，从而免征企业所得税；其余相关所得采用"三免三减半"的规定予以优惠。

除以上列举的几项节能减排相关税收优惠政策之外，在节能减排领域还有其他的优惠政策。例如，企业从事符合相关规定的环保、节能节水项目的所得，实行"三免三减半"的规定；企业购置使用符合相关条件的环保设备、节能节水设备和用于安全生产的专用设备，对该设备的投资额可以按照其金额的 10% 在企业当年计算缴纳企业所得税前扣除，当年抵免不足的，可以结转至未来 5 个年度继续扣除；企业的主要原材料属于《资源综合利用企业所得税优惠目录》中列示的项目，并且生产的不是国家禁止和限制的产品时，销售该产品所得按 90% 计入收入总额计算应纳所得税，10% 的部分免征企业所得税。

10.5 碳排放权交易发展存在的税收相关问题

我国在发展碳交易市场中具有很大的潜力，由于我国碳交易市场起步较晚，碳交易的参与者体量不够大，使得我国存在大量的碳排放额度，同时吸引了大量发达国家到我国进行购买。从交易量上看，我国每年的碳交易成交量超过了世界总量的一半。我国近几年对碳交易越来越重视，在上海、北京等一线城市均建立了碳交易机构，用以鼓励碳交易，提高碳交易市场的活跃性。但是，我国碳排放权市场起步和发展远远落后于西方发达国家，法律往往存在一定的滞后性，使得目前尚未出台规范性的税收文件，以至于碳排放权在交易过程中存在或多或少的问题。以下从几个方面总结出我国碳交易财税政策仍存在的一些问题。

10.5.1 国家层面税收立法分散滞后，专项碳减排法律欠缺

全球变暖、温室效应是一项世界性的难题，受到国际广泛关注，同样，我国对于气候变化等相关问题也越来越重视。我国通过强化碳市场理念、采取强制履约措施等方式加大了国人对碳排放权交易的关注。然而，仍然值得注意的是，由于缺乏专门针对碳排放权交易税收的相关国家法律法规，使得一部分群体对于碳排放问题缺乏重视。另外，由于政府仍然是我国碳交易市场中的主导力量，其能动性较大，不具有一贯执行性，缺乏明确的、权威性的法律法规指导市场行为，使得市场缺乏创造力和积极性。

明确的、强制性的法律政策手段取代政府调控势在必行。企业在纳税过程中无法可依，从而造成了一部分人力和财务资源的浪费。法律制度的缺失，在一定程度上降低了试点工作和碳市场履约机制对企业的约束力，影响了碳交易的活跃程度和碳市场的整体效果。由此看来，出台碳减排相关专项法律对于我国来说刻不容缓。

10.5.2　有关碳排放权税收优惠政策不完善

一方面，由于碳排放权市场刚兴起不久，体量较小，加上法律的一定滞后性，我国还并未出台刺激碳排放权交易的相关税收优惠政策，有关碳排放权交易的相关税收优惠政策需要得到进一步完善，以提高企业实施节能减排的积极性。另一方面，虽然我国并没有针对碳排放权的专门优惠政策，但是前文也提到一些可供参考利用的其他税收优惠政策。不过我国针对碳排放权交易的税收优惠政策在税种层面，目前能够进行追踪利用的还只是所得税与增值税这两个税种，对于印花税等其他税种还并未进行明确规范。除此之外，能够与碳排放权交易涉及税沾边利用的一些优惠政策还存在不可避免的局限性。例如，在有关企业所得税的优惠规定中，若是企业购买了符合要求的节能减排设备，将按照给定的比例予以抵免应纳所得税额，在一定程度上实现了企业通过购买节能减排设备从而促使其节能减排的目的。但是，这更多的是从企业需求的角度刺激企业消费，达到减排效果，还没有将该种税收优惠政策从需求的角度扩展到供给的角度，如何刺激制造企业生产更具有节能减排等功能性的设备还需要进一步的努力。

总的来说，税收优惠政策不够全面具体，目前能够利用的优惠政策所涉及的范围仍然较窄，加之企业要适用相应的优惠政策需要达到的条件和限制较多，使之最终可能享受到的优惠较少，这在一定程度上使得企业的积极性降低。

10.5.3 碳排放权交易的征税基础不统一

随着我国碳排放权交易试点工作的开展和不断完善，各试点地区例如北京、广州等也相继出台了该地区适用的规章制度，碳排放权交易相关立法和规章制度的不断完善为我国碳排放权交易体系奠定了一定的司法基础。

虽然各地区都在为碳排放权交易的完善贡献自己的力量，但也是由于法律上的不统一，使得各地区、各企业对于碳排放权确认和计量的能动性增强。例如，根据不同地区不同企业对碳排放权的不同认识和理解，在对碳排放权进行初始确认和计量时存在差异，这就导致在后续的涉税时将产生不同的税收义务。一部分企业将拥有的碳排放权确认为一项存货，那么在企业购买碳排放权时，涉及的增值税进项与后续出售涉及的增值税销项均应当按照存货的相关税率进行征税。而一部分将拥有的碳排放权确认为一项无形资产，那么在企业购买碳排放权时涉及的增值税进项与后续出售涉及的增值税销项均应当按照无形资产的相关规定和税率进行征税。还有一部分企业将碳排放权确认为一项金融资产，这使得企业在取得和出售环节所涉及的增值税均应当按照金融工具的相关规定和税率进行处理。

由上述可知，对碳排放权确认的类型不同将直接导致其适用的增值税税率、征收方式和计算增值税的征税基础不同。

10.5.4 财税政策不具有针对性

目前，正式纳入碳排放权试点的地区主要是北京、深圳、上海等7个地区。从主体来看，各个地区的发展水平并不完全相同，政府资金支持力度也有所不同。从财税政策来看，由于行业性质不同，行业特征不同，应当给予不同的企业以有针对性的财税政策。

例如，在企业购买符合规定的节能减排、安全生产等相关设备时，只从一方面给予购买方税收上的优惠政策，对于售出方而言，没有从刺激供求的角度出发。

10.5.5　增值税发票的开具存在争议

由于参与碳排放权交易的主体可能将购买取得的碳排放权作为存货或无形资产进行会计处理，那么其在取得时，涉及增值税会进行税额的确认及增值税专用发票的取得。但是由于碳排放权目前是在交易所等交易平台进行交易转让，交易双方并不能完全了解对方情况，不能向对方直接开具增值税专用发票；又因为交易所只是一个交易平台，并未直接参与交易，不负有开具增值税专用发票及承担碳排放权交易增值税纳税的义务。从上面的分析可知，在实务操作中，由哪方主体开具增值税专用发票存在争议。

10.6　完善碳排放权交易的财税政策

针对以上提出的碳排放权交易过程中存在的税收相关问题，本书提出了以下几方面有关财税政策的完善建议。

10.6.1　加强税收法律制度建设

由于法律的一定滞后性，碳排放权交易也起步不久，我国碳排放权相关税收立法还需要进一步细化和完善。"有法可依、有法必依、执法必严、违法必究""没有规矩不成方圆"都在一定程度上强调了法律制度的重要性。只有建立了法律体系,人们的行为才能得以约束,社会秩序才能建立起来。类比到碳排放权的税收法律制度建设,只有建立起清晰、明了、规范的法律体系,碳排放权市场的参与者才能"有法可依",也才会有后续的"执法必严、违法必究"。

完善碳排放权交易相关税收事项的立法,为开展碳排放权交易、发展碳排放权交易相关业务以及促进实务的规范提供法律上的保障。税收法律的制定应当从实务中总结经验,解决实务迫切需要解决的问题,在总结碳排放权交易过程中存在的问题的基础上,通过实地考察、征求意见等方式制定国家统一的碳排放权管理办法,清晰明确碳排放权交易的纳税对象、纳税范围、涉税种类、涉税环节和纳税程序等相关税收问题,建立标准化的制度规范,尽早出台相关规范来明确对企业进行碳排放权交易征税时应采用的税收基础计算方法和企业进行披露的报告基本要素等,更好地为碳排放权交易的税收工作提供法律依据,指导碳排放权相关参与者的行为,也为各个地区、直辖市等制定其适宜的地方性政策和规范提供依据。

10.6.2　完善税收咨询服务体系

加强碳排放权税收法律制度建设是个长远而持续的过程,为了弥补尚未出台可供碳排放权参与者参考的税收规范,有必要建立和完善碳交易相关税收咨询体系。碳排放权交易市场刚兴起不久,通过构建碳排放权税收咨询体系,为各碳交易参与方提供财务技术支持,不至于使其对于较新事物不知如何进行财务和税务处理。

在对四川联合环境交易所的调研中也可以发现,交易所相关工作人员对参与方进行培训和开展讲座时,主要是对碳排放权交易的概念、目的、意义等相关基础知识进行普及，极少甚至从未对碳排放权相关税收方面的知识进行专门普及。纳税是每个人的义务和责任，法律上的缺失加上宣传普及上的缺失，不利于参与者更好地参与到碳交易税收中来。加快建立和完善碳排放权税收咨询和服务体系，不仅有利于普及相关知识，规范市场税收活动，还有利于整合碳排放权交易投资服务、减排项目咨询服务、核证核查咨询服务等相关上下游产业资源，最大限度地利用市场手段来实现资源的最优配置和促进产业的进一步蓬勃发展，为节能减排贡献力量。

10.6.3　加大碳交易税收扶持政策

我国在倡导保护环境、节能减排的过程中免不了需要税收的调控，为了进一步避免资源的浪费和提高企业在技术创新等方面的积极性，加大我国碳交易的体量，促进碳排放权交易市场的蓬勃发展。国家应当针对碳排放权交易相关环节，为碳交易的参与者制定一系列的税收优惠政策，这也是对企业坚持走绿色发展道路、履行社会责任的行为一种支持和鼓励。

一方面，企业走可持续绿色发展道路，但可能受自身技术能力的不足或资金上的限制，对于技术创新和节能减排力不从心。在这种情况下，为了促进企业对技术的研发力度和使其更加活跃地参与到碳排放权交易市场中，政府财政可以提高对企业碳排放技术探索和创新的支持力度。同时，政府可以设立专项基金，在使用资金时，改变以往政府对企业在碳减排技术上采用的直接补贴的方式，尽可能地通过"以奖代补"的方式对企业的碳减排行为给予支持。也就是说，对企业碳排放技术创新奖励的资金和企业技术研发成果相挂钩。对于成功完成技术研发的企业，按照节能量予以一定比例的资金奖励；对于未能成功研制新技术的企业，也可对其行为给予一定的资金鼓励和补偿；对于那些能够审视自身业务，主动淘汰落后产能的企业，也可以依据企业的实际淘汰情况给予一定的奖励，从而提高企业的能动性、创造性和积极性。另一方面，如果企业已经拥有适合自身的技术改良措施，通过技术创新等方式，节约了一部分政府发放的碳排放权配额或通过国家核证的自愿减排量，为了奖励企业的技术创新行为、鼓励企业继续开展减碳行为，国家可以出台适当的税收优惠措施，例如在企业出售节约下的碳排放权配额或者自愿减排量时可以予以一定增值税和所得税的税收减免优惠，从直接的经济利益角度推动企业走可持续发展道路。

除此之外，政府还可以通过各种税收返还政策的方式给予碳排放权的参与企业、中间交易平台、核证机构等经纪公司一定的优惠，降低企业参与碳排放权交易的交易成本，调动企业的积极性，从而将更多的参与方吸引到碳排放权交易的市场中。

除了政府加大对企业的支持和补助力度，由于各地区各政府的资金限制，政府还可以利用财税政策将更多的社会投资者和社会资金吸引到碳排放权交易市场和支持技术的研发中，加宽资金支持筹资渠道。同时，政府应当注重加强对在实施过程中各种税收政策的监督，根据实施效果调整自身行为，更好地服务于社会。

10.6.4 将国内的碳排放权交易征税基础统一化

关于碳排放权相关政策办法，一方面，值得肯定的是各个进行碳排放权交易的地区陆续出台了适合各自碳排放权交易发展的暂行办法，能更好地促进各试点地区的发展；另一方面，这些暂行条例或办法更多的是作为地方性的规章制度，用来规范某一个地区的碳排放权交易行为，具有较强的地区性。但是，碳排放权交易作为一个地区范围广泛的交易体系，如果发生了跨地区甚至跨国家的碳排放权交易，地方性的法律法规将无法解决复杂的交易事项。针对这种现象，只有构建更高层次的法律法规来规范跨区跨国的碳排放权交易行为，才能明确各参与主体间的权利和义务。

目前，各个碳排放权市场参与主体依据各自的持有目的将碳排放权分别核算为存货、无形资产或者金融商品，针对这种情况，只有通过出台更加明确和清晰的划分标准，规范碳排放权交易的征税基础，尽可能减少各企业对会计政策运用的能动性，减少操纵财务报表的机会，才能更好地完善各交易主体的税收义务，进行碳排放权交易的税收管理。面对这种情况只有通过更明确的区分标准，统一各类别征税基础，才能更好地解决参与主体的碳排放权税收问题，加强碳排放权交易征税管理。

10.6.5　针对不同的主体选择适用的财税政策

由于我国的碳排放权交易还处于试点时期，市场参与者体量较少，在这个时期更多地需要发挥政府的扶持作用，吸引更多的参与者参与到碳排放权交易的活动中。但受到资金等各种资源的限制和约束，政府无法对试点企业进行大规模的扶持，可以从试点的某一个地区中选择一批或者某一工业园区具有典型代表的企业实行重点扶持。同时，在选择重点试点企业时，要注意该企业现行的工业基础和目前的污染程度。

关于扶持方式和政策方面，应当根据该市或地区财政的实际情况，选择适宜的政策工具，确保政府财政支持的可行性和持续性，尽可能地发挥财税政策在促进企业碳交易中的杠杆作用。一方面，可以根据试点企业的交易和减排技术的创新力度通过设立的专项基金予以补助，在已有的税收优惠政策上，进一步放宽优惠幅度。另一方面，尽可能改变扶持方式，由直接补助到间接支持，例如在税收政策上允许采用加速折旧的方式，以即征即退、政府采购等间接优惠政策为主，尽可能调动企业研发和设备投入的积极性，保证财税政策在提高企业研发活力和技术创新上发挥作用。

10.6.6 发展多种交易形式，明确交易双方

由于目前主要是通过各交易机构等中介平台对碳排放权进行交易，其存在交易双方不明确、不了解等局限性，导致其难以确定在买卖时涉及的增值税开票的主体。针对这种情况，笔者认为，除了交易所线上交易之外，可以比照存货交易、无形资产交易方式等开展多种交易方式，明确交易双方，确认增值税专用发票的开具主体。又由于碳排放权不同于存货存在实务，因此其更类似于无形资产的转让，可以在某数据统计网站等进行相关登记，以统计企业实际拥有的碳排放权等。实务中出现的增值税开票对象难以确定的问题是个亟待解决又难以解决的问题，需要各个相关部门的合作逐步解决。

11 总结

基于对国内外碳排放权交易市场的比较，本书介绍了国内外碳排放权交易市场，并对国内七大交易市场就市场覆盖范围、配额分配、履约程序、交易信息披露及法律责任等几个方面进行对比分析。从相关法律法规、市场覆盖范围、市场配额分配方法、履约程序及履约情况、碳排放权交易信息披露、相应的法律责任等方面进行比较分析。在此基础上提出了四川省建立碳排放权交易市场的相关问题及建议，主要观点如下：

（1）提出四川省应"因地制宜"地建立碳排放权交易市场。

根据国家能源局和发改委的要求，现今全国各地都在进行碳排放权交易市场的建设，四川省作为一个资源大省，与国内其他省建设碳排放权交易市场采用的措施或有所不同，本研究从实际问题出发，提出适合四川省的建议。

（2）指出建立中国模式的规范报告格式。

建立中国模式的规范报告格式以降低企业的可选择空间，有利于提高企业低碳会计信息披露的质量。为相关部门统一核算和披露，建立通用的模板，并按行业提供不同的专用模板来提供理论依据，深化环保意识，加强公众监督。

（3）结合建立碳排放权交易市场可能遇到的实际问题提出相关建议。

（4）基于财政部发布的《征求意见稿》提出改进意见。

本书在财政部发布的《碳排放权交易试点有关会计处理暂行规定（征求意见稿）》的基础上提出改进意见，使其更符合真实的交易实质。主要结论如下：

①初始无偿获得的碳排放权政府配额符合会计准则中对资产的定义，应当初始确认为碳排放权——政府配额，同时等额确认未确认排放收益。

②每次排放行为发生时均应核算，计入应付碳排放权，同时冲减未确认排放收益。未确认排放收益不足冲减时则计入制造费用等科目，期末若有余额即为实现的节能减排收益，冲减计入投资收益。

③按照参与碳排放权交易企业的不同类型，分别进行核算。纯 CCER 供应者参照存货核算，金融中间商参照交易性金融资产核算，排放企业则参照本书改进后的核算体系进行会计核算。

④经过碳排放权核算前后的财务对比分析，排放企业若能将碳排放权作为金融资产进行专业管理，则可获得公允价格变动带来的损益。如果排放企业能实现节能减排，存在剩余政府配额，还可获得节能减排收益。

另外，本书选取深圳能源进行实例分析，尽管所有的交易实例均是真实的，但出于商业机密，深圳能源并未对外披露其碳排放权交易的所有细节信息，比如实际交易价格、碳排放权政府配额。因此本书在进行后续分析时，基于其公开的信息对其进行了润色改动，使其符合本书实例分析的目的。

实际上，碳排放权交易错综复杂，本书还有许多方面未曾研究到，诸如纯 CCER 供应者多是基于 CDM 项目提供 CCER，本书展望能系统全面地介绍 CDM 项目情况、项目进展、CCER 确认条件及时点、CCER 后续计量等。

附　录

附录1　碳排放权交易管理暂行办法

（中华人民共和国国家发展和改革委员会令第 17 号）

第一章　总　则

第一条　为推进生态文明建设，加快经济发展方式转变，促进体制机制创新，充分发挥市场在温室气体排放资源配置中的决定性作用，加强对温室气体排放的控制和管理，规范碳排放权交易市场的建设和运行，制定本办法。

第二条　在中华人民共和国境内，对碳排放权交易活动的监督和管理，适用本办法。

第三条　本办法所称碳排放权交易，是指交易主体按照本办法开展的排放配额和国家核证自愿减排量的交易活动。

第四条　碳排放权交易坚持政府引导与市场运作相结合，遵循公开、公平、公正和诚信原则。

第五条　国家发展和改革委员会是碳排放权交易的国务院碳交易主管部门（以下称国务院碳交易主管部门），依据本办法负责碳排放权交易市场的建设，并对其运行进行管理、监督和指导。

各省、自治区、直辖市发展和改革委员会是碳排放权交易的省级碳交易主管部门（以下称省级碳交易主管部门），依据本办法对本行政区域内的碳排放权交易相关活动进行管理、监督和指导。

其他各有关部门应按照各自职责，协同做好与碳排放权交易相关的管理工作。

第六条 国务院碳交易主管部门应适时公布碳排放权交易纳入的温室气体种类、行业范围和重点排放单位确定标准。

第二章 配额管理

第七条 省级碳交易主管部门应根据国务院碳交易主管部门公布的重点排放单位确定标准，提出本行政区域内所有符合标准的重点排放单位名单并报国务院碳交易主管部门，国务院碳交易主管部门确认后向社会公布。

经国务院碳交易主管部门批准，省级碳交易主管部门可适当扩大碳排放权交易的行业覆盖范围，增加纳入碳排放权交易的重点排放单位。

第八条 国务院碳交易主管部门根据国家控制温室气体排放目标的要求，综合考虑国家和各省、自治区和直辖市温室气体排放、经济增长、产业结构、能源结构以及重点排放单位纳入情况等因素，确定国家以及各省、自治区和直辖市的排放配额总量。

第九条 排放配额分配在初期以免费分配为主，适时引入有偿分配，并逐步提高有偿分配的比例。

第十条 国务院碳交易主管部门制定国家配额分配方案，明确各省、自治区、直辖市免费分配的排放配额数量、国家预留的排放配额数量等。

第十一条 国务院碳交易主管部门在排放配额总量中预留一定数量，用于有偿分配、市场调节、重大建设项目等。有偿分配所取得的收益，用于促进国家减碳以及相关的能力建设。

第十二条 国务院碳交易主管部门根据不同行业的具体情况，参考相关行业主管部门的意见，确定统一的配额免费分配方法和标准。

各省、自治区、直辖市结合本地实际，可制定并执行比全国统一的配额免费分配方法和标准更加严格的分配方法和标准。

第十三条　省级碳交易主管部门依据第十二条确定的配额免费分配方法和标准，提出本行政区域内重点排放单位的免费分配配额数量，报国务院碳交易主管部门确定后，向本行政区域内的重点排放单位免费分配排放配额。

第十四条　各省、自治区和直辖市的排放配额总量中，扣除向本行政区域内重点排放单位免费分配的配额量后剩余的配额，由省级碳交易主管部门用于有偿分配。有偿分配所取得的收益，用于促进地方减碳以及相关的能力建设。

第十五条　重点排放单位关闭、停产、合并、分立或者产能发生重大变化的，省级碳交易主管部门可根据实际情况，对其已获得的免费配额进行调整。

第十六条　国务院碳交易主管部门负责建立和管理碳排放权交易注册登记系统（以下称注册登记系统），用于记录排放配额的持有、转移、清缴、注销等相关信息。注册登记系统中的信息是判断排放配额归属的最终依据。

第十七条　注册登记系统为国务院碳交易主管部门和省级碳交易主管部门、重点排放单位、交易机构和其他市场参与方等设立具有不同功能的账户。参与方根据国务院碳交易主管部门的相应要求开立账户后，可在注册登记系统中进行配额管理的相关业务操作。

第三章　排放交易

第十八条　碳排放权交易市场初期的交易产品为排放配额和国家核证自愿减排量，适时增加其他交易产品。

第十九条　重点排放单位及符合交易规则规定的机构和个人（以下称交易主体）均可参与碳排放权交易。

第二十条　国务院碳交易主管部门负责确定碳排放权交易机构并对其业务实施监督。具体交易规则由交易机构负责制定，并报国务院碳交易主管部门备案。

第二十一条　第十八条规定的交易产品的交易原则上应在国务院碳交易主管部门确定的交易机构内进行。

第二十二条　出于公益等目的，交易主体可自愿注销其所持有的排放配额和国家核证自愿减排量。

第二十三条　国务院碳交易主管部门负责建立碳排放权交易市场调节机制，维护市场稳定。

第二十四条　国家确定的交易机构的交易系统应与注册登记系统连接，实现数据交换，确保交易信息能及时反映到注册登记系统中。

第四章　核查与配额清缴

第二十五条　重点排放单位应按照国家标准或国务院碳交易主管部门公布的企业温室气体排放核算与报告指南的要求，制定排放监测计划并报所在省、自治区、直辖市的省级碳交易主管部门备案。

重点排放单位应严格按照经备案的监测计划实施监测活动。监测计划发生重大变更的，应及时向所在省、自治区、直辖市的省级碳交易主管部门提交变更申请。

第二十六条　重点排放单位应根据国家标准或国务院碳交易主管部门公布的企业温室气体排放核算与报告指南以及经备案的排放监测计划，每年编制其上一年度的温室气体排放报告，由核查机构进行核查并出具核查报告后，在规定时间内向所在省、自治区、直辖市的省级碳交易主管部门提交排放报告和核查报告。

第二十七条　国务院碳交易主管部门会同有关部门，对核查机构进行管理。

第二十八条　核查机构应按照国务院碳交易主管部门公布的核查指南开展碳排放核查工作。重点排放单位对核查结果有异议的，可向省级碳交易主管部门提出申诉。

第二十九条　省级碳交易主管部门应当对以下重点排放单位的排放报告与核查报告进行复查，复查的相关费用由同级财政予以安排：

（一）国务院碳交易主管部门要求复查的重点排放单位；

（二）核查报告显示排放情况存在问题的重点排放单位；

（三）除（一）、（二）规定以外一定比例的重点排放单位。

第三十条　省级碳交易主管部门每年应对其行政区域内所有重点排放单位上年度的排放量予以确认，并将确认结果通知重点排放单位。经确认的排放量是重点排放单位履行配额清缴义务的依据。

第三十一条　重点排放单位每年应向所在省、自治区、直辖市的省级碳交易主管部门提交不少于其上年度经确认排放量的排放配额，履行上年度的配额清缴义务。

第三十二条　重点排放单位可按照有关规定，使用国家核证自愿减排量抵消其部分经确认的碳排放量。

第三十三条　省级碳交易主管部门每年应对其行政区域内的重点排放单位上年度的配额清缴情况进行分析，并将配额清缴情况上报国务院碳交易主管部门。国务院碳交易主管部门应向社会公布所有重点排放单位上年度的配额清缴情况。

第五章　监督管理

第三十四条　国务院碳交易主管部门应及时向社会公布如下

信息：纳入温室气体种类，纳入行业，纳入重点排放单位名单，排放配额分配方法，排放配额使用、存储和注销规则，各年度重点排放单位的配额清缴情况，推荐的核查机构名单，经确定的交易机构名单等。

第三十五条　交易机构应建立交易信息披露制度，公布交易行情、成交量、成交金额等交易信息，并及时披露可能影响市场重大变动的相关信息。

第三十六条　国务院碳交易主管部门对省级碳交易主管部门的业务工作进行指导，并对下列活动进行监督和管理：

（一）核查机构的相关业务情况；

（二）交易机构的相关业务情况；

第三十七条　省级碳交易主管部门对碳排放权交易进行监督和管理的范围包括：

（一）辖区内重点排放单位的排放报告、核查报告报送情况；

（二）辖区内重点排放单位的配额清缴情况；

（三）辖区内重点排放单位和其他市场参与者的交易情况。

第三十八条　国务院碳交易主管部门和省级碳交易主管部门应建立重点排放单位、核查机构、交易机构和其他从业单位和人员参加碳排放权交易的相关行为信用记录，并纳入相关的信用管理体系。

第三十九条　对于严重违法失信的碳排放权交易的参与机构和人员，国务院碳交易主管部门建立"黑名单"并依法予以曝光。

第六章　法律责任

第四十条　重点排放单位有下列行为之一的，由所在省、自治区、直辖市的省级碳交易主管部门责令限期改正，逾期未改的，依法给予行政处罚。

（一）虚报、瞒报或者拒绝履行排放报告义务；

（二）不按规定提交核查报告。

逾期仍未改正的，由省级碳交易主管部门指派核查机构测算其排放量，并将该排放量作为其履行配额清缴义务的依据。

第四十一条　重点排放单位未按时履行配额清缴义务的，由所在省、自治区、直辖市的省级碳交易主管部门责令其履行配额清缴义务；逾期仍不履行配额清缴义务的，由所在省、自治区、直辖市的省级碳交易主管部门依法给予行政处罚。

第四十二条　核查机构有下列情形之一的，由其注册所在省、自治区、直辖市的省级碳交易主管部门依法给予行政处罚，并上报国务院碳交易主管部门；情节严重的，由国务院碳交易主管部门责令其暂停核查业务；给重点排放单位造成经济损失的，依法承担赔偿责任；构成犯罪的，依法追究刑事责任。

（一）出具虚假、不实核查报告；

（二）核查报告存在重大错误；

（三）未经许可擅自使用或者公布被核查单位的商业秘密；

（四）其他违法违规行为。

第四十三条　交易机构及其工作人员有下列情形之一的，由国务院碳交易主管部门责令限期改正；逾期未改正的，依法给予行政处罚；给交易主体造成经济损失的，依法承担赔偿责任；构成犯罪的，依法追究刑事责任。

（一）未按照规定公布交易信息；

（二）未建立并执行风险管理制度；

（三）未按照规定向国务院碳交易主管部门报送有关信息；

（四）开展违规的交易业务；

（五）泄露交易主体的商业秘密；

（六）其他违法违规行为。

第四十四条　对违反本办法第四十条至第四十一条规定而被

处罚的重点排放单位，省级碳交易主管部门应向工商、税务、金融等部门通报有关情况，并予以公告。

第四十五条　国务院碳交易主管部门和省级碳交易主管部门及其工作人员，未履行本办法规定的职责、玩忽职守、滥用职权、利用职务便利牟取不正当利益或者泄露所知悉的有关单位和个人的商业秘密的，由其上级行政机关或者监察机关责令改正；情节严重的，依法给予行政处罚；构成犯罪的，依法追究刑事责任。

第四十六条　碳排放权交易各参与方在参与本办法规定的事务过程中，以不正当手段谋取利益并给他人造成经济损失的，依法承担赔偿责任；构成犯罪的，依法追究刑事责任。

第七章　附　则

第四十七条　本办法中下列用语的含义：

温室气体：是指大气中吸收和重新放出红外辐射的自然和人为的气态成分，包括二氧化碳（CO_2）、甲烷（CH_4）、氧化亚氮（N_2O）、氢氟碳化物（HFCs）、全氟碳化（PFCs）、六氟化硫（SF_6）和三氟化氮（NF_3）。

碳排放：是指煤炭、天然气、石油等化石能源燃烧活动和工业生产过程以及土地利用、土地利用变化与林业活动产生的温室气体排放，以及因使用外购的电力和热力等所导致的温室气体排放。

碳排放权：是指依法取得的向大气排放温室气体的权利。

排放配额：是政府分配给重点排放单位指定时期内的碳排放额度，是碳排放权的凭证和载体。1单位配额相当于1吨二氧化碳当量。

重点排放单位：是指满足国务院碳交易主管部门确定的纳入

碳排放权交易标准且具有独立法人资格的温室气体排放单位。

国家核证自愿减排量：是指依据国家发展和改革委员会发布施行的《温室气体自愿减排交易管理暂行办法》的规定，经其备案并在国家注册登记系统中登记的温室气体自愿减排量，简称CCER。

第四十八条　本办法自公布之日起 30 日后施行。

二〇一四年十二月十日

附录 2　四川省控制温室气体排放工作方案

川府发〔2017〕31 号

为贯彻《国务院关于印发"十三五"控制温室气体排放工作方案的通知》（国发〔2016〕61 号）精神，推进我省绿色低碳发展，确保完成国家下达给我省的"十三五"碳排放强度控制目标，实现二氧化碳排放在 2030 年前达到峰值，特制定本工作方案。

一、总体要求

（一）指导思想。全面贯彻落实党的十八大和十八届三中、四中、五中、六中全会以及《中共四川省委关于推进绿色发展建设美丽四川的决定》精神，紧紧围绕统筹推进"五位一体"总体布局和协调推进"四个全面"战略布局，牢固树立创新、协调、绿色、开放、共享的发展理念，顺应绿色低碳发展的国际潮流，将低碳发展作为我省经济社会发展的重大战略和生态文明建设的重要途径，采取积极措施，有效控制温室气体排放。加快科技创新和制度创新，健全激励和约束机制，发挥市场配置资源的决定性作用和更好发挥政府作用，加强碳排放和大气污染物排放协同控制，强化低碳引领，推动能源革命和产业革命，推动供给侧结构性改革和消费端转型，推动区域协调发展，为促进我省经济社会可持续发展和维护国家生态安全作出新贡献。

（二）主要目标。到2020年，全省单位地区生产总值二氧化碳排放比2015年下降19.5%，碳排放总量得到有效控制。氢氟碳化物、甲烷、氧化亚氮、全氟化碳、六氟化硫等非二氧化碳温室气体控排力度进一步加大。碳汇能力持续增强，力争我省部分条件成熟的优化开发和重点开发区域率先实现碳排放达峰，部分重化工业2020年左右与全国同行业同步实现碳排放达峰，全省能源体系、产业体系和消费领域低碳转型取得积极成效。西部碳排放权交易中心建设取得积极成效，顺利融入全国统一碳市场。在国家应对气候变化法律法规和标准体系框架下的地方配套体系进一步完善，省级碳排放统计核算、评价考核和责任追究制度进一步健全，低碳试点示范进一步深化，节能减碳协同作用进一步加强，公众低碳意识明显提升。

二、建立清洁低碳能源体系

（三）加强能源碳排放控制。严格实行全省能源消费总量和强度目标双控管理，以大力推进能源节约和发展清洁低碳能源为主要路径，努力实现"十三五"国家下达给我省的能源消费总量和强度双控目标。到2020年，力争全省能源消费总量控制在2.29亿吨标准煤以内，单位地区生产总值能源消费比2015年下降16%，非化石能源消费比重达到35%。大型发电集团单位供电二氧化碳排放控制在550克二氧化碳/千瓦时以内。[牵头单位：省发展改革委；责任单位：省经济和信息化委、住房城乡建设厅、交通运输厅、农业厅、商务厅、省机关事务管理局、省能

源局、四川能源监管办,各市(州)人民政府负责落实,以下均需各市(州)人民政府落实,不再列出〕

(四)大力推进能源节约。突出抓好工业、建筑、交通、公共机构等重点领域节能,加快推行合同能源管理,完善能效标识制度,推动节能低碳产品认证和节能低碳产品政府强制采购,推进能效领跑者引领行动,开展高耗能行业能效对标达标活动,强化节能评估审查。实施工业锅炉窑炉节能改造、能量系统优化等节能技术改造工程和燃煤锅炉节能环保综合提升工程。大力推广绿色建筑,推进可再生能源建筑规模化应用。深入实施万家企业节能低碳行动。(牵头单位:省发展改革委;责任单位:省经济和信息化委、住房城乡建设厅、交通运输厅、农业厅、商务厅、省质监局、省机关事务管理局、省能源局)

(五)大力推进国家优质清洁能源基地建设。以金沙江、雅砻江、大渡河"三江"水电开发为重点,优先建设龙头水库电站,建成全国最大水电开发基地。科学有序推进风能、太阳能等新能源开发。加大四川盆地川东北、川中及川西特大型、大型气田勘探开发,建成全国重要天然气生产基地。创新页岩气勘探开发模式,积极推进重点区块的勘探开发,建设川南地区页岩气勘查开发试验区。加大对煤层气的勘探开发。到 2020 年,力争全省水电装机容量新增 1300 万千瓦以上,压减火电和煤炭在能源消费中的占比。(牵头单位:省能源局;责任单位:省发展改革委、省经济和信息化委、国土资源厅、四川能源监管办)

(六)扩大清洁能源综合利用。统筹推进电力、燃气、热力、供冷等一体化集成互补、梯级利用,以分布式能源、智能微网、电动汽车充电设施为重点,构建大规模集中利用与小型分散利用并举的新型能源利用体系。加快工业节能升级改造,以锅炉、电动机、内燃机等关键用能设备为重点,加快淘汰落后低效设备,积极推进电能替代和余热、余压、余能综合回收利用。延长天然气产业链,提高民用、交通、分布式能源、工业领域天然气消费比重。积极推进煤炭清洁高效利用和散煤治理，实施电能替代工程。（牵头单位：省发展改革委；责任单位：省经济和信息化委、环境保护厅、住房城乡建设厅、交通运输厅、省能源局、四川能源监管办）

（七）推动能源体制机制创新。积极推动电力、油气体制改革，创新清洁能源建设管理机制，建立健全统一开放、竞争有序的清洁能源市场体系，最大幅度减少弃水、弃风、弃光现象。积极稳妥推进用能权有偿使用和交易制度试点，促进能源要素高效配置，扩大清洁能源消费占比。有序向社会资本开放配售电业务，培育购售电主体，有序放开发用电计划，推进电力交易机构相对独立，完善市场化交易机制，放开电网公平接入，建立分布式电源发展新机制。健全勘探开发区块准入、退出和转让机制，推动油气管网业务独立和公平开放，推动油气管网及接收、储备设施投资多元化。（牵头单位：省发展改革委、省能源局；责任单位：省经济和信息化委、环境保护厅、住房城乡建设厅、交通运输厅、四川能源监管办）

三、建立低碳产业体系

（八）加快产业结构优化调整。推动产业结构转型升级，加快构建绿色低碳产业体系。促进工业提质增效，实施"中国制造2025四川行动计划"，加快发展先进制造业等高附加值产业，大力推进战略性新兴产业发展，推动企业提品质、创品牌。加快传统产业技术改造，促进七大优势产业迈上中高端。推动产能过剩行业企业实施兼并重组、产能转移，遏制低端产能盲目扩张和低水平重复建设。提高服务业绿色低碳发展水平，优先发展电子商务、现代物流等新兴先导型服务业，加快发展研发设计、技术孵化等生产性服务业，促进服务型制造业发展。实施"互联网＋服务"，鼓励发展生态环境修复、碳资产管理、环境污染责任保险等新兴服务业。实施"绿色四川"旅游行动计划，大力发展现代旅游业。（牵头单位：省发展改革委、省经济和信息化委；责任单位：环境保护厅、交通运输厅、水利厅、农业厅、林业厅、商务厅、省旅游发展委）

（九）控制工业领域排放。到 2020 年，全省工业领域二氧化碳排放总量趋于稳定，石化、化工、建材、钢铁、有色金属、造纸、电力等重点行业二氧化碳排放总量得到有效控制。在工业生产领域积极推广低碳新工艺、新技术，加强企业能源和碳排放管理体系建设，强化企业碳排放管理。到 2020 年，力争全省主要高耗能行业单位产品碳排放达到国内先进水平。积极参与实施国家低碳标杆引领计划，推动重点行业企业开展碳排放对标活动。积极控制工业过程温室气体排放，改进水泥、钢铁、有色金属、石灰、硝酸等生产设备、工艺和技术，发展替代产品，压缩过剩产能，积极研发并推广应用控制氢氟碳化物、全氟化碳和六氟化硫等温室气体排放技术，降低工业生产过程二氧化碳排放。逐步探索并有序推进工业领域碳捕集、利用和封存试点示范，做好相应的环境风险评价。（牵头单位：省经济和信息化委、省发展改革委；责任单位：科技厅、环境保护厅、省质监局）

（十）大力发展低碳农业。实施化肥使用量零增长行动，在全省大力推广测土配方施肥，控制农业生产过程化肥用量，减少农田氧化亚氮排放，到 2020 年，实现全省农田氧化亚氮排放达到峰值。选育高产低排放良种，改善水分和肥料管理，控制农田甲烷排放。建设畜禽养殖场大中型沼气工程，鼓励农村使用沼气能源。加强养殖设施标准化改造，推进畜禽标准化示范场建设和畜禽废弃物综合利用，控制畜禽温室气体排放。到 2020 年，规模化养殖场、养殖小区配套建设废弃物处理设施比例达到 75％以上。适时开展低碳农业试点示范。（牵头单位：农业厅；责任

单位：省发展改革委、环境保护厅）

（十一）增加生态系统碳汇。推进大规模绿化全川行动，继续实施天然林保护、退耕还林还草、长江防护林体系建设、河湖和湿地修复、脆弱地区荒漠化治理等重点生态工程，全面开展森林质量精准提升工程，强化森林资源保护和灾害防控，加强草原生态保护建设，加强湿地保护与恢复，增强全省森林碳汇、草原碳汇和湿地固碳能力。到 2020 年，全省森林覆盖率达到 40%，森林蓄积量达到 18 亿立方米，林地保有量控制在 3.54 亿亩以上，森林火灾损失率、林业有害生物成灾率分别控制在 1%、3% 以内，草原综合植被盖度达到 85%，湿地保有量控制在 2621 万亩以上。（牵头单位：林业厅；责任单位：省发展改革委、环境保护厅、农业厅）

四、推动城镇化低碳发展

（十二）加强城乡低碳化建设和管理。按照建设生态城镇、推广绿色建筑、发展绿色交通、完善市政设施、承传历史文脉的发展思路，融入集约、智能、绿色、低碳的新型城镇化发展理念，统筹规划城乡建设，推进管理创新。开展城市碳排放精细化管理，鼓励有条件的地区编制城市温室气体排放清单和低碳发展规划，制订低碳发展考核指标。全省分区域分阶段逐步推进居住建筑执行 65% 的节能标准。以提高基础设施和建筑质量、防止大拆大建为重点，大力推广绿色建筑，到 2020 年，城镇 50% 的新建建筑达到绿色建筑标准。积极开展绿色生态城区和近零能耗建筑试点示范，开展既有建筑节能或绿色化改造。加强国家机关办公建筑和大型公共建筑用能管理，到 2020 年，公共建筑单位面积能耗降低 10%，大型公共机构建筑单位面积能耗降低 15%，重点监控的大型公共建筑能耗降低 30%。开展绿色农房与绿色生态村镇建设试点示范，引导农房执行建筑节能标准，创建绿色能源示范县和绿色低碳重点小城镇。鼓励城市因地制宜推广余热利用、高效热泵、可再生能源、分布式能源、绿色照明、屋顶墙体绿化等低碳技术。积极发展绿色建材产业，推广绿色施工，推进装配式建筑发展。（牵头单位：住房城乡建设厅；责任单位：省发展改革委、省经济和信息化委、交通运输厅、农业厅、省机关事务管理局、省能源局）

（十三）建设低碳交通运输体系。构建全省低碳交通运输体系和以低碳运输方式为主的低碳物流体系。加快完善以成都铁路枢纽为中心，连通京津冀、长三角、珠三角三大经济圈，融入"一带一路"国际运输大通道的铁路运输干线网络。全面提升长江黄金水道通行能力，完善内河航道体系和现代化港口体系，研究推进长江川境段航道等级提升，改善提升岷江、渠江、嘉陵江等航道条件，推进水运港口建设，提升港口吞吐能力。加强公路和航空基础设施建设，优化路网和航空线路布局。完善公交优先的城市交通运输体系，建设智能交通和慢行交通，鼓励发展"共享单车"等绿色出行。支持有条件的城市发展城市轨道交通。到2020年，公路营运车辆单位运输周转量二氧化碳排放比2015年下降4.5%，水路营运船舶单位运输周转量二氧化碳排放比2015年下降5.5%，城市客运单位客运量二氧化碳排放比2015年下降10%。鼓励公共机构、私人和企业使用新能源汽车，完善充电桩等基础设施建设。到2020年，全省新能源汽车使用量力争达到10万辆。（牵头单位：交通运输厅、省发展改革委；责任单位：省经济和信息化委、省机关事务管理局）

（十四）加强废弃物资源化利用和低碳化处置。加大城镇、乡村生活垃圾无害化处理及收转运设施建设力度，全面推行城镇生活垃圾分类收集、分类运输、分类处置。加强固体废弃物污染防治，强化重金属污染防控。对医疗废物、危险废物实施全过程监管和无害化处置。推进工业垃圾、建筑垃圾、污水处理厂污泥等废弃物无害化处理和资源化利用。在具备条件的地区鼓励采用垃圾焚烧发电等多种处理利用方式，有效减少全社会的物耗和碳排放。探索开展垃圾填埋场、污水处理厂甲烷收集利用及与常规污染物协同处理工作。（牵头单位：住房城乡建设厅；责任单位：省发展改革委、省经济和信息化委、环境保护厅、省卫生计生委）

（十五）倡导低碳生活方式。树立绿色低碳的价值观和消费观，弘扬以低碳为荣的社会新风尚。积极践行低碳理念，倡导简约生活。大力宣传和倡导使用节能低碳节水产品，反对过度包装。大力宣传和倡导低碳健康餐饮，推行"光盘行动"，遏制食品浪费。大力宣传和倡导低碳居住，普及低碳居住知识，推广普及节水器具。大力宣传和倡导低碳出行，鼓励"135"绿色低碳出行方式（1公里以内步行，3公里以内骑自行车，5公里左右乘坐公共交通工具），鼓励购买小排量汽车、节能与新能源汽车。（牵头单位：省发展改革委、省委宣传部；责任单位：教育厅、住房城乡建设厅、交通运输厅、商务厅、水利厅、省新闻出版广电局）

五、促进区域低碳发展

（十六）对市（州）碳排放强度控制实施分类指导。综合考虑各市（州）发展阶段、资源禀赋、战略定位、生态环保等因素，分类确定碳排放控制目标。到2020年，成都、攀枝花、内江、乐山碳排放强度分别比2015年（下同）下降20.5％、21.5％、21％、21％，自贡、泸州、德阳、绵阳、广元、南充、眉山、宜宾、广安、达州、资阳下降19.5％，遂宁、雅安、凉山下降18％，巴中、阿坝、甘孜下降15％。（牵头单位：省发展改革委；责任单位：省统计局）

（十七）推动部分市（州）率先达峰。支持国家和省级低碳试点城市根据自身的优势和特点，主动实施在 2025 年前碳排放率先达峰行动。在部分经济发达和产业布局集中的城市研究探索开展碳排放总量控制。鼓励其他市（州）提出峰值目标，明确达峰路线图，力争提前完成达峰目标。（牵头单位：省发展改革委；责任单位：省统计局、省能源局）

（十八）创新区域低碳发展试点示范。根据全省主体功能区规划，结合不同地区的特点，分别选择有条件的地区、园区、企业以及城镇等开展近零碳排放区示范工程。以碳排放峰值和碳排放总量控制为重点，扩大省级低碳城市试点。深化省级低碳工业园区和低碳社区试点。开展低碳商业、低碳旅游、低碳企业试点。支持有条件的城市、园区、企业、城镇等申报参与国家级低碳试点。力争到 2020 年，建设低碳城市 8~10 个、低碳产业园区 3~5 个、低碳小城镇 3~5 个、低碳社区 5~10 个、低碳企业 15~20 家。积极参与国家气候投融资试点工作。（牵头单位：省发展改革委；责任单位：省经济和信息化委、住房城乡建设厅、商务厅、省旅游发展委、省国资委、省金融工作局）

（十九）支持贫困地区低碳发展。充分发挥低碳产业对增收脱贫的带动作用，因地制宜发展旅游、光伏等特色优势产业，让贫困群众更多地分享发展收益。推进"低碳扶贫"，倡导企业与贫困村结对开展低碳扶贫活动。改进扶贫资金使用方式和配置模式。（牵头单位：省扶贫移民局；责任单位：省发展改革委、省经济和信息化委、财政厅、省旅游发展委、省能源局）

六、积极建设西部碳排放权交易中心

（二十）完善工作管理制度。根据国家碳排放权交易相关管理规定，制定《四川省碳排放权交易管理办法》，建立与国家碳排放权交易管理体制相衔接的省、市两级管理制度，建立专职工作队伍，完善工作体系。根据国家碳排放权总量设定与配额分配方案，结合省情分解下达任务，督促符合纳入标准的重点排放企业参与全国碳排放权交易市场，做好碳排放配额管理。积极运用碳排放配额市场调节和抵消机制，加强市场风险预警与防控，探索多元化交易模式。（牵头单位：省发展改革委；责任单位：省经济和信息化委、省国资委、省能源局）

（二十一）加强交易机构建设。进一步完善四川联合环境交易所开展碳排放权交易的硬件设施，以及交易规则、结算细则、合规管理制度和风险控制管理办法等内部管理制度，增强市场拓展力度，扩大影响力，推动其进入全国碳排放权交易机构网络，成为国家布局在西部地区的全国碳排放权交易机构。支持金融机构与碳交易机构开展合作，探索碳金融创新产品，发展碳基金、碳债券、碳信托等业务，探索碳排放权质押融资、碳远期合约交易等业务，适时开展碳期货、期权等研究。（牵头单位：省发展改革委、省金融工作局；责任单位：省国资委、人行成都分行、四川银监局、四川证监局）

（二十二）强化基础支撑能力。培养壮大碳交易专业技术支撑队伍，建立健全温室气体排放核算、报告与核查工作体系，完善重点企业温室气体排放数据报送系统。依托全国碳市场能力建设（成都）中心，以重点行业企业温室气体排放核算、报告制度和碳排放权交易制度能力建设为重点，积极开展碳市场建设相关培训和交流合作，带动周边省（区、市）碳市场基础能力建设，为推动全国碳市场建设作出贡献。（牵头单位：省发改委；责任单位：省经济和信息化委、省统计局）

七、加强低碳科技创新

（二十三）加强气候变化科技创新。积极对接国家应对气候变化科技发展专项，组织省内相关科研机构开展厄尔尼诺、拉尼娜极端气候与我省降水耦合关系、气候变化对我省的影响及风险评估、主要工业产品从生产到消费全生命周期碳排放计量等相关研究。积极推进省内相关科研机构参与国家组织的气候变化基础研究、碳排放核算方法研究等。加强大数据、云计算等互联网技术在应对气候变化的与低碳发展研究中的应用力度。积极参与国家气候变化基础研究、技术研发和战略政策研究基地建设。（牵头单位：科技厅；责任单位：省发展改革委、省经济和信息化委、省质监局、省气象局）

（二十四）加快低碳技术研发与示范。以清洁高效燃煤发电装备、燃气轮机发电装备、水电装备、核电装备、风力发电装备、太阳能发电装备、其他新能源发电装备、储能装备、智能电网技术与装备、高效清洁节能锅炉、低温余热余能利用、高效节能电机及电力装备、新型城市轨道交通、新能源汽车及动力系统、低碳建筑技术、低碳水稻品种、高固碳树种等为研发主攻方向，研发能源、工业、建筑、交通、农业、林业等重点领域经济适用的低碳技术。建立低碳技术创新创业平台，鼓励利用现有政府投资基金，引导创业投资基金等市场资金，加快推动低碳技术进步。（牵头单位：科技厅；责任单位：省发展改革委、省经济和信息化委、财政厅、住房城乡建设厅、交通运输厅、农业厅、林业厅、省能源局）

（二十五）加大低碳技术推广应用力度。引导全省企业、高校、科研院所建立低碳技术创新联盟，形成技术研发、示范应用和产业化联动机制。对减排效果好、应用前景广阔的关键产品组织规模化生产。增强大学科技园、企业孵化器、产业化基地、高新区对低碳技术产业化的支持力度。在低碳试点和可持续发展实验区等重点地区，加强低碳技术集中示范应用。（牵头单位：省发展改革委、科技厅；责任单位：省经济和信息化委、教育厅）

八、强化基础能力支撑

（二十六）推进地方应对气候变化法规与标准体系建设。对接国家应对气候变化立法工作及相关标准，制订我省应对气候变化地方性法规及相关配套标准。严格落实国家重点行业、重点产品温室气体排放核算、建筑低碳运行、碳捕集利用与封存等相关系列标准。加强节能监察，强化能效标准实施，促进能效提升和碳减排。（牵头单位：省发展改革委、省质监局；责任单位：省经济和信息化委、教育厅、省政府法制办）

（二十七）加强温室气体排放统计与核算。按照国家统一部署，加强应对气候变化统计工作，完善全省应对气候变化统计指标体系和温室气体排放统计制度，强化全省能源、工业、农业、林业、废弃物处理等相关统计，加强统计基础工作和能力建设。定期组织编制省级温室气体排放清单，加快推动市、县两级编制温室气体排放清单，实行重点企（事）业单位温室气体排放数据报告制度，建立温室气体排放数据信息系统。完善温室气体排放计量和监测体系，推动重点排放单位健全能源消费和温室气体排放台账记录。建立完善省、市两级行政区域能源碳排放年度核算方法和报告制度。（牵头单位：省发展改革委、省统计局；责任单位：省经济和信息化委、农业厅、林业厅、省能源局）

（二十八）建立温室气体排放信息披露制度。逐步推动省级温室气体排放数据信息公开。推动建立企业温室气体排放信息披露制度，鼓励企业主动公开温室气体排放信息，鼓励全省国有企业、上市公司、纳入碳排放权交易市场的企业率先公布温室气体排放信息和控排行动措施。（牵头单位：省发展改革委；责任单位：省经济和信息化委）

（二十九）完善低碳发展政策体系。加大省预算内资金对低碳发展的支持力度。出台综合配套政策，完善气候投融资机制，积极运用政府和社会资本合作模式及绿色债券等手段，支持应对气候变化和低碳发展工作。严格执行国家制定的政府绿色采购制度及相关政策，推进节约型公共机构创建，开展低碳机关、低碳校园、低碳医院等创建活动。严格落实国家有利于低碳发展的税收和价格政策，推进各市（州）完善区域低碳发展协作联动机制。（牵头单位：省发展改革委；责任单位：教育厅、财政厅、省卫生计生委、省国税局、省地税局、省机关事务管理局）

（三十）加强机构和人才队伍建设。加强应对气候变化能力建设，加快培养技术研发、产业管理、国际合作、政策研究等各类专业人才，积极培育第三方服务机构和市场中介组织，发展低碳产业联盟和社会团体，依托有条件的高等学校和国家相关专业机构，加强气候变化研究后备队伍建设。推进全省相关机构积极参与应对气候变化基础研究、技术研发等各领域的国际国内合作，加强人员交流，培养和引进高层次人才。强化应对气候变化教育教学内容，开展"低碳进课堂"活动。加强对各级领导干部、企业管理者应对气候变化和低碳发展展开知识培训，增强政策制定者和企业家的低碳战略决策能力。（牵头单位：省发改委；责任单位：教育厅、科技厅、人力资源社会保障厅、省国资委）

九、广泛参与国际国内合作

（三十一）努力扩大合作领域。按照国家统一安排部署，努力扩大我省参与应对气候变化合作的领域，在清洁能源、碳排放权交易市场建设、生态保护、低碳智慧型城市、气候适应型农业、绿色市场培育、防灾减灾等方面，通过合作，扎实推动全省实现低碳转型，为全国碳排放权交易市场建设、《巴黎协定》国内履约和深度参与全球气候治理作出应有的贡献。（牵头单位：

省发展改革委；责任单位：住房城乡建设厅、农业厅、林业厅、省气象局、省能源局）

（三十二）积极推进务实合作。按照国家统一部署，加强气候变化领域国际对话交流，广泛开展与国际组织的务实合作。利用相关国际机构优惠资金和先进技术支持我省应对气候变化工作。结合实施"一带一路"倡议、国际产能和装备制造合作，促进低碳项目合作，推动海外投资项目低碳化。全面深化与其他省（区、市）的友好合作，通过交易机构股权合作、共建项目、共同参与重大课题研究和培训等方式，切实提升我省应对气候变化的综合实力。（牵头单位：省发展改革委；责任单位：省经济和信息化委、环境保护厅、商务厅、省国资委）

十、强化保障落实

（三十三）加强组织领导。发挥好四川省节能减排和应对气候变化工作领导小组办公室的统筹协调和监督落实职能。各市（州）要将全省下达的碳排放控制目标纳入本地区经济社会发展规划、年度计划和政府工作报告，制定具体工作方案，建立完善工作机制，逐步健全控制温室气体排放的监督和管理体制。省直有关部门要按照部门职责分工，积极做好控制温室气体排放工作，切实抓好落实。（牵头单位：省发展改革委；责任单位：省直相关部门）

（三十四）强化目标责任考核。要加强对市（州）人民政府控制温室气体排放目标完成情况的评估、考核，建立责任追究制度。省直有关部门要建立年度控制温室气体排放工作任务完成情况的跟踪评估机制。考核评估结果向社会公开，接受舆论监督。探索建立碳排放控制目标预测预警机制，推动各市（州）、各部门落实低碳发展工作任务。（牵头单位：省发展改革委；责任单

位：省直相关部门）

（三十五）加大资金投入。各市（州）、省直有关部门要围绕实现"十三五"全省控制温室气体排放目标，统筹各种资金来源，切实加大资金投入，确保本方案各项任务的落实。（牵头单位：财政厅；责任单位：省直相关部门）

（三十六）做好宣传引导。加强全省应对气候变化的宣传和科普教育，利用全国低碳日、联合国气候变化大会等重要节点和新媒体平台，广泛开展丰富多样的宣传活动，增强全民低碳意识。加强应对气候变化媒体人员专业传播培训，提升媒体从业人员的专业水平。建立应对气候变化公众参与机制，在政策制定、重大项目工程决策等领域，鼓励社会公众广泛参与，营造积极应对气候变化的良好社会氛围。（牵头单位：省委宣传部、省发展改革委、省新闻出版广电局；责任单位：省直相关部门）

二〇一七年五月十六日

附录3　四川省发展和改革委员会关于有序开展企（事）业单位温室气体排放信息披露工作的通知

（川发改环资〔2018〕91号）

各市（州）发展改革委，有关企（事）业单位：

为贯彻落实《四川省控制温室气体排放工作方案》（川府发〔2017〕31号）关于推动建立企业温室气体排放信息披露制度的要求，提高企（事）业单位碳排放和碳资产管理意识，促进绿色低碳发展，现就我省企（事）业单位温室气体排放信息披露工作有关事项通知如下：

一、披露主体

我省国有企业、上市公司、纳入全国碳排放权交易市场的重点排放单位按年度面向社会公众公开披露温室气体排放信息，鼓励其他企业、公共机构等单位自愿披露相关信息。

二、实施步骤

第一阶段（2018 年）：年温室气体排放量达到 130 万吨二氧化碳当量及以上（年能耗 50 万吨标准煤及以上）的企（事）业单位率先披露温室气体排放信息。

第二阶段（2019 年）：年温室气体排放量达到 2.6 万吨二氧化碳当量及以上（年能耗 1 万吨标准煤及以上）的火力发电企业（含自备电厂）披露温室气体排放信息。

第三阶段（2020 年及以后）：年温室气体排放量达到 2.6 万吨二氧化碳当量以上（年能耗 1 万吨标准煤以上）的重点排放行业企（事）业披露温室气体排放信息。探索开展公共机构温室气体排放信息披露。

三、工作要求

（一）披露内容。企（事）业单位以法人为边界，披露年度温室气体排放数据、采取的减排增汇行动措施、取得的减排成效，以及低碳技术运用、碳资产开发、参与碳排放权交易等信息。温室气体包括二氧化碳（CO_2）、甲烷（CH_4）、氧化亚氮（N_2O）、氢氟碳化物（HFCs）、全氟碳化物（PFCs）、六氟化硫（SF_6）和三氟化氮（NF_3）。

（二）披露载体和途径。企（事）业单位可编制单独的年度应对气候变化报告或温室气体排放信息披露报告，也可在年度环境报告、社会责任报告中进行披露。相关报告可在企（事）业单位网站或当地市（州）发展改革委网站公布，也可通过报纸等便于公众获取信息的形式发布。

（三）披露时限。每年 6 月底前，符合条件的企（事）业单位核算并披露上一年度温室气体排放信息，并向所在市（州）发展改革部门报备，中央企业四川公司、教育部直属高校、省属国有企业、省属事业单位直接向省发展改革委报备。

四、其他事项

（一）温室气体排放信息披露工作纳入对市（州）人民政府控制温室气体排放目标的责任考核。请各市（州）发展改革委会同相关部门，加强对企（事）业单位温室气体排放信息披露工作的督促指导，进一步强化温室气体排放监测报告核查、统计核算等基础工作，确保此项工作顺利有序推进。

（二）企（事）业单位要自觉承担应对气候变化、资源节约和环境保护的社会责任，努力提高温室气体排放监测、统计和核算能力，将温室气体排放管控纳入企（事）业单位的能源和环境管理体系，采取多种形式全面、准确、及时披露温室气体排放信息，树立良好的社会形象。

附件：四川省企（事）业单位温室气体排放信息披露报备表（自备）

四川省发展和改革委员会

2018 年 2 月 24 日

参考文献

陈亮，陈建华，鲍威，等．2015．企业温室气体排放核算标准发展现状及政策建议［J］．中国人口·资源与环境，25（S1）：505－507．

程永伟，穆东．2017．我国试点碳市场运行效率评价研究［J］．科技管理研究，37（4）：96－100．

杜坤伦，2013．我国碳排放交易市场建设路径——基于资本市场运行模式视角［J］．财经科学（8）：101－108．

杜莉，张云．2013．我国碳排放总量控制交易的分配机制设计——基于欧盟排放交易体系的经验［J］．国际金融研究（7）：51－58．

樊娜，2006．环境会计视角下的企业财务指标分析方法［D］．北京：对外经济贸易大学．

范英，2018．中国碳市场顶层设计：政策目标与经济影响［J］．环境经济研究，3（1）：1－7＋36．

方施，肖木子．2012．碳排放权的分类及其会计确认［J］．绿色财会（5）：24－26．

高建来，文晔．2015．碳排放权交易会计的国际进展及借鉴［J］．生态经济（4）：56－59＋77．

高莉娟，2014．论碳排放权的物权属性［J］．成都行政学院学报（4）：55－58＋80．

贾睿，张宁，陈颖，等．2017．关于温室气体排放第三方核查机构工作的几点思考［J］．节能与环保（4）：54－57．

姜睿，2017．我国碳交易市场发展现状及建议［J］．中外能源

22 (1)：3-9.

蒋亚朋，黄擎．2017．碳排放权出售方对碳排放权的会计确认剖析 [J]．财会月刊 (22)：28-32.

金艺冉，2017．碳排放权交易对上海石化会计收益影响研究 [D]．兰州：兰州财经大学.

李峰，王文举，闫甜．2018．中国试点碳市场抵消机制 [J]．经济与管理研究，39 (12)：94-103.

李瑾，2011．国内碳交易市场发展现状及建议 [J]．认证技术 (5)：28-29.

李瑾，2015b．我国企业碳排放权交易中的财税政策研究 [J]．管理观察 (19)：159-161.

李瑾，顾缱琪．2015a．如何对碳排放权交易行为进行税务处理 [J]．环境经济 (21)：19.

李男，2018．支撑企业参与碳交易综合服务平台设计 [D]．马鞍山：安徽工业大学.

李奇伟，2015．中国碳排放权交易试点履约期的市场特征与政策启示 [J]．中国科技论坛 (5)：128-134.

李彦，2014．对加快我国碳交易服务业发展的几点思考 [J]．资源环境 (22)：55-56.

李阳，2015．碳排放权会计核算研究 [D] 咸阳：西北农林科技大学.

李永臣，李媛媛．2015．碳排放权会计确认与计量探讨 [J]．财会通讯 (25)：84-86.

林清泉，夏睿瞳．2018．我国碳交易市场运行情况、问题及对策 [J]．现代管理科学 (8)：3-5.

林一丹，2014．碳排放权的会计确认和会计处理研究 [D]．青岛：中国海洋大学.

刘承智，2014．制造企业产品碳配额成本核算研究 [D]．济南：

山东大学.

刘会芹，2015. 碳排放权分配、确认及计量——基于产权会计理论视角 [J]. 会计之友 (6)：65－68.

刘蕾，2016. 基于碳货币视角的碳排放权会计处理问题研究 [D]. 秦皇岛：燕山大学.

刘强，陈亮，段茂盛，等. 2016. 中国制定企业温室气体核算指南的对策建议 [J]. 气候变化研究进展 (12)：236－242.

鲁亚霜，王颖，张岳武. 2017. 国家温室气体排放统计核算报告体系现状研究 [J]. 环境影响评价，39 (2)：72－75.

陆日东，2015. 浅谈我国碳交易市场发展现状及建议 [J]. 科技论文与案例交流 (2)：126－128.

罗恩益，2018. 探析我国碳排放权交易的财税处理 [J]. 会计之友 (1)：72－74.

吕南，李巧. 2017. 刍议碳排放权的会计核算 [J]. 西南石油大学学报 (社会科学版)，19 (4)：14－18.

吕能芳，2013. 我国碳排放权交易的会计处理研究 [J]. 重庆三峡学院学报，29 (2)：46－49.

毛小松，2016. 碳排放权会计体系构建 [J]. 财会研究 (9)：32－38.

毛政珍，2015. 成本视角下企业碳排放权会计要素的归类 [J]. 财会月刊 (19)：25－27.

苗春谊，2016. 火电企业碳排放权会计处理探讨——以北京市碳排放权交易市场规则为例 [J]. 中国总会计师 (2)：118－119.

潘晓滨，2018. 中国地方碳试点配额总量设定经验比较及其对全国碳市场建设的借鉴 [J]. 环境保护与循环经济，38 (11)：1－4.

蒲春燕，孙璐. 2012. 碳排放权的会计确认、计量和报告研究

[J]. 财会月刊（10）：3—5.

施颖，2015. 碳排放权的会计确认与计量问题研究与启示 [J]. 财会月刊（22）：96—98.

孙洪庆，邓瑛. 2002. 对发展绿色金融的思考 [J]. 经济与管理（1）：37—38.

孙志梅，李秀莲，高强. 2016. 企业碳排放配额的核算——基于我国碳市场现状的分析 [J]. 会计之友（8）：17—19.

汪涵，2013. 我国碳交易体系及其涉税制度设计 [D]. 北京：北方工业大学，2013.

王爱国，2012. 我的碳会计观 [J]. 会计研究（5）：3—9+93.

王慧，2017. 论碳排放权的特许权本质 [J]. 法制与社会发展，23（6）：171—188.

王科，陈沫. 2018. 中国碳交易市场回顾与展望 [J]. 北京理工大学学报（社会科学版），20（2）：24—31.

王蜜，2014. 基于产权保护的碳排放权交易会计确认与计量 [J]. 财会通讯（2）：50—52.

王晓燕，王宇. 2014. 碳排放权交易的会计处理问题研究 [J]. 会计之友（33）：30—32.

王星，2014. 低碳经济下碳排放权交易的会计问题研究 [J]. 社科纵横，29（4），34—37

王遥，王文涛. 2014. 碳金融市场的风险识别和监管体系设计 [J]. 中国人口·资源与环境，24（3）：25—31.

卫志民，2015. 中国碳排放权交易市场的发展现状、国际经验与路径选择 [J]. 求是学刊，42（5）：64—71.

魏一鸣，王恺，凤振华，等. 2010. 碳金融与碳市场——方法与实证 [M]. 北京：科学出版社.

文胜蓝，2017. 碳排放权交易第三方核查机构法律制度研究 [J]. 黑龙江环境通报，41（3）：5—8.

吴琼, 2014. 上海碳排放权交易市场研究 [D]. 上海: 上海交通大学.

吴威, 2011. 对我国碳排放权会计处理及相关税务处理初探 [J]. 商业会计 (28): 37-39.

吴娓, 2013. 碳排放权会计处理方法的优选 [J]. 财会月刊 (9): 23-26.

伍中信, 曾峻, 2014. "后京都时代"碳排放权会计确认与计量探讨 [J]. 财会通讯 (4): 48-49.

谢清, 2017. 碳排放权在财务会计中的处理 [J]. 市场研究 (7): 25-26.

熊学萍, 2004. 传统金融向绿色金融转变的若干思考 [J]. 生态经济 (11): 60-62.

许晶, 2015. 碳排放权的会计核算问题研究 [D]. 北京: 首都经济贸易大学.

许群, 2014. 碳排放权会计核算体系构建的探讨 [J]. 财务与会计 (6): 32-34.

闫华红, 方叶子. 2017. 碳排放权交易的税会处理问题探析 [J]. 财务与会计 (12): 44-45.

闫华红, 黄颖. 2016. 碳排放权会计核算体系的构建 [J]. 会计之友 (5): 8-11.

杨博, 2013. 企业强制减排义务前后的碳排放权会计处理 [J]. 会计之友 (8): 111-114.

杨启航, 2016. 企业碳排放财务会计分析 [J]. 商业经济, (11): 143-145.

杨新卓, 2014. 企业碳排放权会计核算研究 [D]. 石家庄: 河北经贸大学.

易兰, 鲁瑶, 李朝鹏. 2016. 中国试点碳市场监管机制研究与国际经验借鉴 [J]. 中国人口·资源与环境, 26 (12): 77-86.

张蓓蓓, 2016. 我国碳交易市场现状及发展对策研究 [J]. 安徽科技学院学报 (3)：88-91.

张彩平, 肖序. 2014. 两种碳排放权交易制度的会计确认问题比较研究 [J]. 财务与金融 (6)：31-37.

张彩平, 谭德明, 刘梅娟. 2015. 碳会计定义重构及碳排放会计准则体系构建研究 [J]. 会计与经济研究, 29 (3)：32-40.

张健, 2016. 我国碳排放权的会计确认和计量研究 [D]. 北京：中国财政科学研究院.

张婕, 孙立红, 邢贞成. 2018. 中国碳排放交易市场价格波动性的研究——基于深圳、北京、上海等 6 个城市试点碳排放市场交易价格的数据分析 [J]. 价格理论与实践 (1)：57-60.

张旺峰, 2016a. 碳排放权会计确认与计量问题探讨 [J]. 财会通讯 (28)：52-54.

张旺峰, 2016b. 碳排放权交易的会计处理初探 [J]. 会计之友 (21)：114-116.

张延丽, 2015. 企业碳排放权会计核算及应用研究 [D]. 济南：山东师范大学.

赵勃飞, 2011. 我国碳排放权对外贸易策略 [J]. 合作经济与科技 (7)：102-104.

郑爽, 2018. 全国碳交易体系监管制度研究 [J]. 中国能源, 40 (11)：17-20.

中国标准化研究院, 2014. 工业企业温室气体排放报告实施细则与应用案例研究报告 [R]. 北京：中国标准化研究院.

中国注册会计师协会, 2018. 税法 [M]. 北京：中国财政经济出版社.

周泓, 郭洪泽. 2013. 解读《温室气体自愿减排交易管理暂行办法》[J]. 中国环境管理, 5 (4)：26-28.

周艳坤, 谭小平. 2016. 我国碳排放权会计准则的最新发展——

基于《碳排放权交易试点有关会计处理暂行规定（征求意见稿）》[J]. 中国注册会计师（6）：98－102.

朱秦，2010. 低碳经济发展的政府应对之策：能力建设与管理变革 [J]. 大连干部学刊，26（5）：36－38.

ALLANC，2009. Emission rights：from costless activity to market operations [J]. Accounting organizations and society，13（34）：456－468.

ANITA E，2009. The European emissions trading scheme：an exploratory study of how companies learn to account for carbon [J]. Accounting organizations and society，18（34）：488－498.

ANS K，DAVIDL，JONATAN Pet al. ，2008. Corporate responses in an emerging climate regime：the institutionalization and commensuration of carbon disclosure [J]. European accounting review，17（4）：719－745.

COOK A，2009. Emission rights：from costless activity to market operations [J]. Accounting organizations and society，34（4）：456－468.

DEREK M，2008. The value relevance of greenhouse gas emissions allowance：an exploratory study in the related United States market [J]. European accounting review（17）：44－47.

FASB，2010. Minutes of board meeting：emission trading schemes [C]. Emissions trading schemes team.

JAN B，ARLOSL，2008. Carbon trading：accounting and reporting issues [J]. European accounting review（17）：42－45.

JULIEN C，YANNICKL P，BENOITS，2011. Options introduction and volatility in the EU ETS [J]. Resource and energy economics，33（4）：62－66.

JANEK R, STEWART J, 2008. An inconvenient truth about accounting: the paradigm shift required in carbon emissions reporting and assurance [C]. American accounting association annual meeting, Anaheim CA.

KOLK A, LEVYD, PINKSEJ, 2008. Corporate responses in an emerging climate regime: the institutionalization and commensuration of carbon disclosure [J]. Europe accounting review, 17 (4): 719—745.

VLARRY L, 2009. Toward a different debate in environmental accounting: the cases of carbon and cost benefit [J]. Accounting organizations and society (34): 28—32.

后　记

本书是笔者在四川省软科学项目"四川省碳排放权交易市场建设及相关会计问题研究"结题报告的基础上进一步修改而成的，本书的完成凝聚了众人的心血。在书稿付梓之际，笔者由衷地感谢西南石油大学、四川省科学技术厅、四川大学出版社对笔者研究工作的大力支持。

感谢西南石油大学财经学院李汶静、西南石油大学财务处胡珊、成都市武侯区发展和改革局李琳、中国工商银行四川省分行雷珏茜、西南石油大学经济管理学院研究生曹宇、西南石油大学经济管理学院研究生陈俊君、北京第二外国语学院本科生杨钰琦、西南石油大学计算机科学学院本科生吕晓雨等在本书的撰写过程中所给予的帮助。

还要感谢四川联合环境交易所、北京环境交易所、四川省发展和改革委员会等单位在笔者的实地调研以及收集资料的过程中所给予的支持和帮助。

吕　南

2020 年 9 月 20 日